초보운전 운전연수에는

날아라 병아리

글 오준우, 그림 이소을

★★★★★

개정 도로교통법
우회전 방법 수록!

부록
초보운전 스티커가
2개 들어있어요!

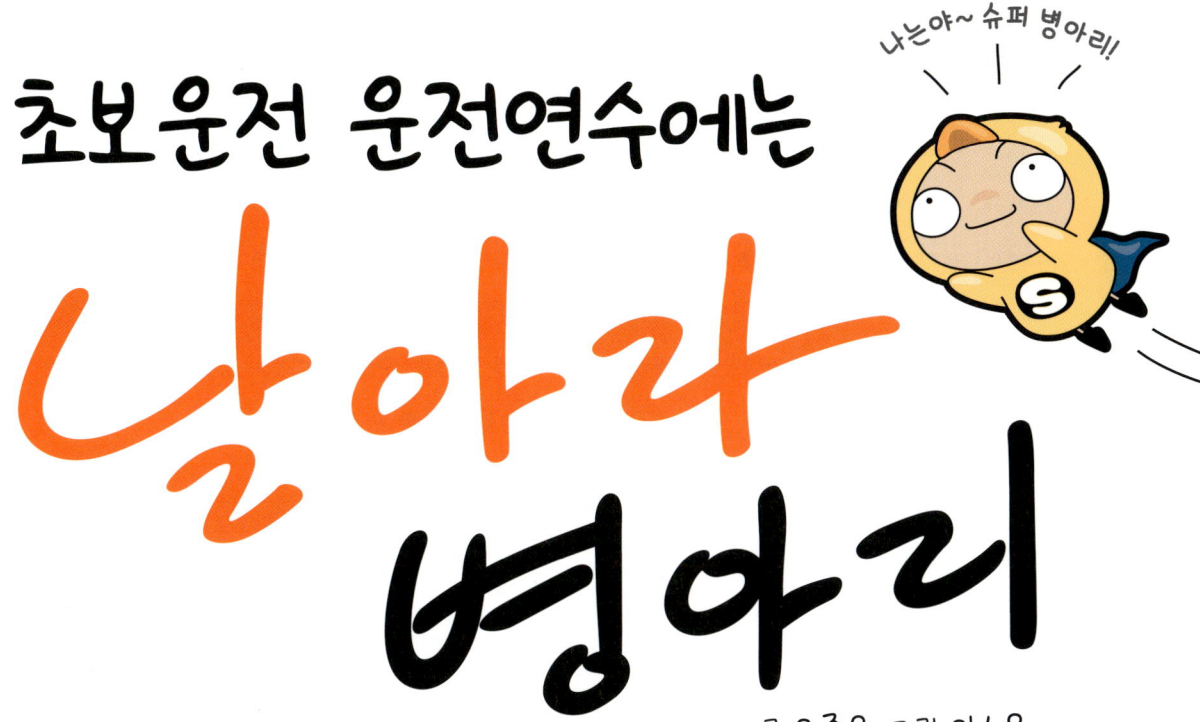

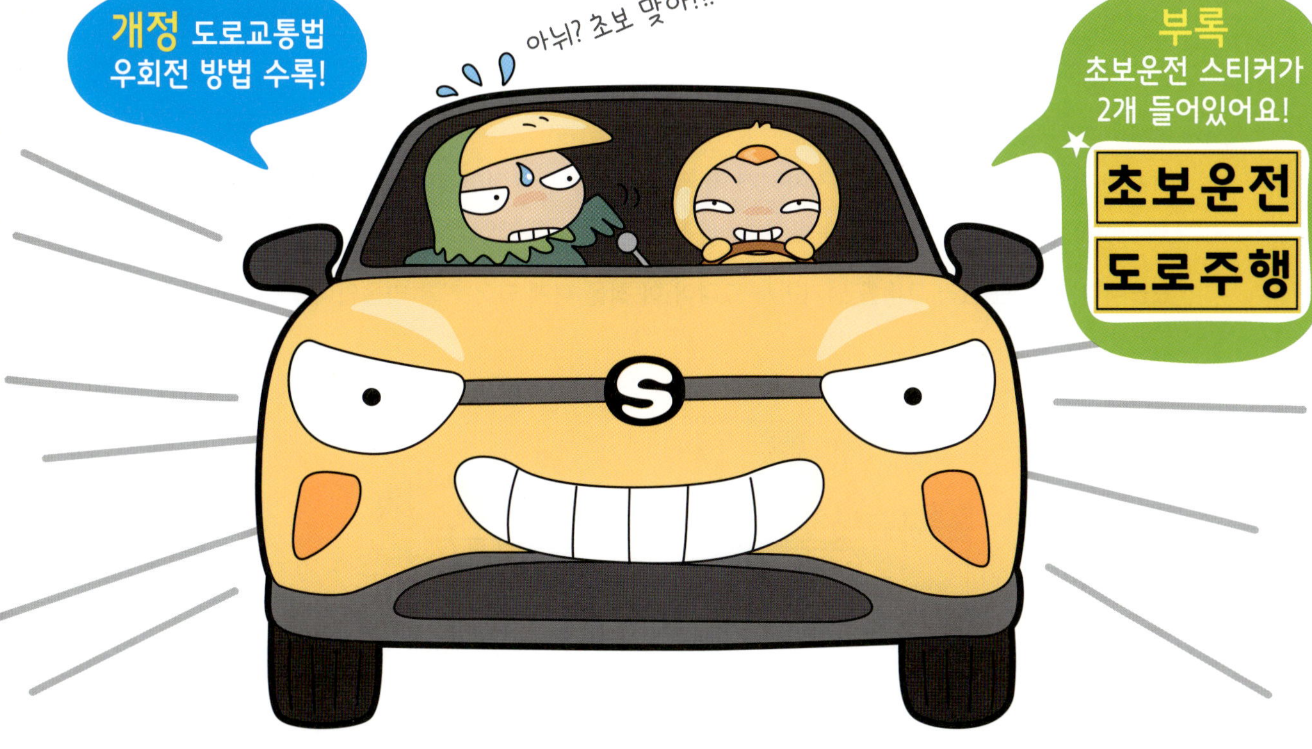

머리말

예전에는 필기시험과 기능 코스만 합격하면 면허증을 손에 쥘 수 있었습니다. 운전 실력이 부족해도 코스만 달달 외워서 통과하면 면허를 딸 수 있었던 것이죠. 결국, 실력이 부족한 운전자가 배출되어 문제가 되자 도로주행 시험을 추가로 도입하게 되었습니다. 그러나 이마저도 한정된 코스이고 합격에 초점을 맞춘 교육이다 보니 실전 운전과는 다소 거리가 있었습니다. 다행히 최근에는 실전 운전을 위해 도로주행 시험을 강화하는 추세입니다. 하지만 여전히 핸들을 잡기 두려워하는 초보자는 어렵지 않게 찾아볼 수 있습니다.

이렇게 실전 운전에 약한 초보자들은 수십 번 딱지도 끊겨보고, 여기저기 사고를 내고 거칠게 몸으로 부딪치면서 운전 방법을 터득합니다. 그러다 보면 양보나 질서보다는 정글에서 살아남는 생존 전략에 가까운 난폭운전을 하게 됩니다. 운전을 이렇게 익혔으니 오랜 경력의 운전자라고 해도 뭐가 옳고 그른 것인지 명확히 알지 못하고 사고나 비상시에 당황하는 경우가 많습니다.

저자는 이런 현실 속에서 초보운전자에게 꼭 필요한 책을 만들어야겠다고 생각하게 되었고, 현장에서 다양한 초보 운전자들을 교육하며 운전 교습 방법 및 법 제도와 차량 메커니즘에 대한 연구를 해왔습니다. 그동안 여러 고비를 넘기면서 드디어 이 책을 펴게 되어 기쁜 마음입니다. T-T

'날아라 병아리'는 초보 운전자들이 더 좋은 교통 문화를 만들어 가는 주역이 되기를 바라는 마음으로 만들었습니다. 이제 우리의 운전 문화를 바꿀 때가 왔습니다. 이 책을 충실히 익히고 따라 하면 어떠한 병아리도 운전 문화를 선도하는 훌륭한 슈퍼 운전자가 될 수 있다고 자신합니다!
*^--^*

여러분이 어떻게 운전을 배워야 하나, 고민하는 지금, 이 순간부터 초보운전에서 탈출하는 그날까지 '날아라 병아리'가 여러분을 안내해 줄 것입니다.

저자 오준우

초보운전자에게 이 책을 추천하며

- 조정권 (교통안전공단 교수) -

　현대사회에서 교통사고는 질병보다도 더 심각하게 인간의 생명을 위협하는 사회문제로 대두되고 있습니다. 그런 가운데 이 책은 초보운전자의 소중한 생명을 보호하고 교통사고 예방에 보탬이 될 수 있어 그 의미가 크다고 생각됩니다. 전체적인 목차나 내용을 살펴보면 운전하는 사람으로서의 기본자세, 신호체계, 도로주행 방법, 주차방법, 상황별 안전운전, 교통사고 처리요령 등, 짜임새 있게 구성되어 많은 경험을 토대로 상세하고 실질적인 설명을 해주고 있습니다. 내용과 알맞은 캐릭터와 일러스트를 삽입하여 쉽고 재미있게 이해할 수 있도록 한 점도 눈에 띕니다. 어렵게 운전면허를 취득하여 자동차를 처음 배우는 초보운전자에게 도움이 되고자 하는 저자의 열정이 책 속에 고스란히 담겨 있음을 한눈에 알 수 있습니다.

　이 책을 추천하며, 아무쪼록 자동차를 운전하는 대한민국의 많은 분이 자신의 생명과 재산을 보호하며 상대방 운전자에게 깊은 배려를 할 수 있는 프로 운전자가 되기를 진심으로 바랍니다.

차례

STEP 1 준비운동

Lesson 1 운전연수를 어떻게 할까?　　　　　　　　　　14
　01. 혼자서 연습하기　　　　　　　　　　　　　　　15
　　　알아두세요! 무보험차 | 무적차 | 대포차　　　　　17
　02. 가족이나 지인에게 배우기　　　　　　　　　　19
　　　알아두세요! 운전을 가르치는 방법　　　　　　　20
　03. 운전 학원 강사에게 배우기　　　　　　　　　　26

Lesson 2 운전장치 익히기　　　　　　　　　　　　　28
　01. 계기판 보기　　　　　　　　　　　　　　　　28
　　　알아두세요! 내 차가 먹는 연료의 양　　　　　　31
　02. 경고등 보기　　　　　　　　　　　　　　　　32
　03. 다기능 스위치　　　　　　　　　　　　　　　35
　04. 엔진 시동 스위치　　　　　　　　　　　　　　38

STEP 2 운전연수 시작하기

Lesson 1 운전의 첫걸음　　　　　　　　　　　　　　44
　01. 출발 준비　　　　　　　　　　　　　　　　　45
　　　알아두세요! 보이지 않는 사각지대　　　　　　　48
　02. 핸들 조작　　　　　　　　　　　　　　　　　50
　03. 페달 조작　　　　　　　　　　　　　　　　　53
　　　알아두세요! 속도에 따른 정지 거리　　　　　　55
　04. 주차브레이크　　　　　　　　　　　　　　　　58
　　　알아두세요! 엔진브레이크 VS 탄력주행　　　　61

Lesson 2	운전 시작하기	66
	01. 변속 레버의 위치와 조작 방법	66
	02. 출발하기	68
	03. 정지하기	69
	04. 언덕길 운전하기	71

STEP 3 똑! 소리 나는 운전

Lesson 1	신호등 및 안내표지 보기	76
	01. 차량에 주는 신호	76
	02. 안전표지의 종류	78

Lesson 2	차선	79
	01. 차선의 종류	79
	02. 차선을 지키세요!	83
	알아두세요! 차폭 감각 기르기	86
	03. 운전하기 편한 차로는?	89

Lesson 3	교차로 통행 방법	90
	01. 직진하기	91
	02. 좌회전 하기	96
	03. 우회전 하기	102
	04. 유턴 하기	106
	05. 신호등 없는 교차로 통행하기	110
	알아두세요! 과태료 VS 범칙금	111

STEP 4 업그레이드 운전 실력

Lesson 1 차선 변경 공식 116
  01. 차로 판단 | 자기차로와 옆 차로 판단하기 118
  02. 속도 판단 | 내 차가 빠를까, 뒤 차가 빠를까? 119
  03. 거리 판단 | 가깝고 먼 거리 판단하기 121
  04. 종합 판단 | 차로+속도+거리 판단 124
  알아두세요! 사이드미러 사각지대 **128**

Lesson 2 실전! 차선 변경 130
  01. 원활한 도로에서 차선 변경 하기 130
  02. 막히는 도로에서 차선 변경 하기 136
  03. 막히는 도로에서 원활한 도로로 차선 변경 하기 141
  알아두세요! 차선 변경 사고 시 과실 비율 **144**
  04. 차선 변경 도와주기 145

Lesson 3 고속도로 달리는 방법 146
  01. 고속도로 진입하기 147
  02. 고속도로 주행하기 148
  03. 고속도로 빠져나오기 153

Lesson 4 상황별 안전운전 154
  01. 혼잡한 골목길 통행 방법 154
  02. 커브길 주행 방법 155
  03. 야간 운전 157
  04. 빗길 운전 159
  05. 눈길, 빙판길 운전 160
  06. 방어운전 161

STEP 5 주차하기

Lesson 1	**주차하기 전에 알아야 할 것**	**164**
	01. 후진 방법	164
	02. 내륜차와 외륜차	167
	03. 백화점 지하주차장 원형 경사 램프 회전하기	172
Lesson 2	**주차 공식**	**174**
	01. 후면 주차	175
	1. 후면 주차 표준 공식	175
	2. 후면 주차 표준 공식 상세 설명	176
	3. 도로폭이 좁은 주차장에서 후면 주차 하기	178
	4 . 후면 주차 간편 공식	180
	5 . 후면 주차 빠져나오기	182
	02. 전면 주차	184
	1. 전면 주차 표준 공식	184
	2. 전면 주차 표준 공식 상세설명	185
	3. 전면 주차 간편 공식	187
	4. 전면 주차 빠져나오기	188
	03. 평행 주차	190
	1. 평행 주차 공식	190
	2. 평행 주차 공식 상세 설명	192
	3. 평행 주차 빠져나오기	195
	알아두세요! 언덕길 주차 방법	**196**

STEP 6 슈퍼 병아리 되기

Lesson 1	교통사고 대처 방법	200
	01. 사고 현장에서	201
	02. 보험회사에서	203
	03. 경찰서에서	204
	04. 자주 발생하는 사고의 과실 비율	208
Lesson 2	센스 있는 차량 관리	216
	01. 트렁크에 있어야 할 것들	216
	02. 엔진룸 살펴보기	218
Lesson 3	비상시 응급조치	226
	01. 펑크 난 타이어 교환하기	226
	02. 방전된 배터리 점프스타트하기	230
	03. 오버히트 대처하기	232

부록 : 차량용 리무버블 초보운전 스티커 2장

STEP 1 준비운동

하늘을 노려보며~ 준비!

Lesson 1 — 운전연수를 어떻게 할까?

YOU CAN FLY!

면허를 땄다고 해서 곧바로 운전을 잘할 수 있는 것은 아닙니다. 더욱이 운전면허를 오랫동안 묵혀둔 장롱면허 소지자라면 두말할 것도 없죠. 면허 취득 이전은 가상이요, 면허 취득 이후는 실전입니다. 정해진 시험 코스만을 외워서 하던 면허용 운전과 상황에 따라 순발력을 발휘해야 하는 실전 운전과는 분명 큰 차이가 있습니다. 최근 통계에 의하면 초보운전자의 사망사고 비율이 전체의 40%에 이르는 등 중대형 사고가 잦았으며, 여성 운전자에 의한 사고 중 초보운전자의 사고 비율은 35%로 조사됐습니다. 운전연수에 더욱 관심을 기울여야 하는 이유도 바로 여기에 있습니다. 초보운전자에게 있어 운전연수는 교통사고 면역을 길러주는 백신과도 같으니까요! 우리가 면허를 따기 위해 노력했던 것처럼, 면허 취득 후에는 실전에 있을 수 있는 모든 위험으로부터 나와 남을 지키는 운전연수가 필요합니다. 운전연수는 초보운전자가 올바른 운전 문화와 운전 습관을 기르도록 할 뿐만 아니라 교통사고 발생을 억제하는 역할도 하는 것입니다.

운전연수는 혼자 하거나, 지인에게 배우거나, 학원에서 전문 강사에게 배우는 세 가지 방법으로 나눌 수 있습니다. 모든 방법에는 일장일단이 있으며 운전을 배우는 사람의 입장에 따라서 선택은 달라질 겁니다. 각각 어떤 장단점이 있는지 알아보고 자신에게 알맞은 방법을 선택해 보세요!

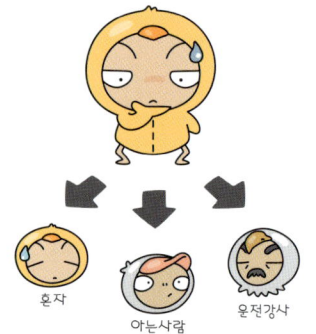

01 ● 혼자서 연습하기

STEP1 | LESSON1 | 01

운전연수는 운전 학원에서 하는 것이 가장 편하고 안전합니다. 하지만 수강료도 부담스럽고 확실한 효과를 거둘 수 있을지 걱정스러워서 망설이는 사람이 많습니다. 가족이나 친구에게 부탁해 보지만 이런저런 핑계를 대며 줄행랑치기 십상이죠. 이럴 때는 세상에 혼자 남겨진 듯한 기분이 들지 않을까 싶군요! 결국 독학하듯이 혼자서 운전 연습을 할 수밖에 없을 겁니다. 하지만 걱정하지 마세요! 꿋꿋하게 홀로 설 수 있도록 도와드리겠습니다.

혼자서 할수록 준비는 더욱더 철저해야 합니다. 본 책을 습득하고 순서대로 쉬운 것부터 반복하며 연습하세요. 연습 장소로 최대한 한적하고 가까운 공터나 도로를 물색해야 합니다. 복잡한 도심이라면 차량 통행이 적은 시간대를 골라서 물색한 장소까지 조심조심 이동해야 합니다. 만약 실력이 너무 부족하거나 무서워서 핸들만 잡아도 벌벌 떨 정도라면 이 방법은 절대 삼가기를 바랍니다. 어떻게 해서든 누군가의 도움을 받아서 좀 더 안전하게 연수를 받으세요!

이와는 정반대로 자신감이 충만해서 운전연수 따위는 필요 없다고 생각하는 분도 많을 겁니다. 겁이 많으면 실력이 잘 늘지 않는 법인데, 그런 면에서 일단 절반의 성공을 거둔 셈이라고 할 수 있습니다. 그러나 용기가 지나치면 무모해지기 쉬운 법입니다. 안전을 위해서라면 지나친 자신감은 조절해 주시기를 바랍니다.

한편 운전연습을 할 차량이 초보자의 소유가 아닌 가족이나 제삼자의 차인 경우가 많습니다. 이때는 자신이 종합보험 혜택을 받을 수 있는지 꼭 확인하세요. 차주와 한 가족이라고 해도 보험 특약에 초보운전자가 포함되어 있어야 보험 처리가 된답니다. 초보운전자가 보험 특약에 포함되어 있지 않다면 무보험 운전을 하는 것인데, 보험이 가장 절실히 필요한 시기에 무보험은 안 될 말이죠. '잠깐인데 무슨 일 있겠어?' 하다가 만에 하나라도 교통사고를 낸다면 나뿐 아니라 가족까지 엄청난 시련을 겪게 될지도 모릅니다. 연수자가 보험 특약에서 제외됐다면 일시적으로 단기보험 특약이라도 가입해서 만약을 대비하기 바랍니다.

> **CHECK**
>
> **단기보험 특약** | 여행이나 출장 등의 이유로 다른 운전자가 잠시 차를 몰아야 할 경우 소정의 금액을 내고 짧은 기간 보험에 가입하여 보험 혜택을 받을 수 있는 상품으로, 보험사마다 상품명은 다릅니다

알아두세요! 무보험차 | 무적차 | 대포차

먼저 자동차보험에 대해서 간단히 알아보겠습니다. 자동차보험은 책임보험과 종합보험으로 구분되는데, 책임보험은 피해자의 인명 피해와 일부 대물 피해에 대해서만 한계를 가지고 보상해 줍니다. 이 한계를 넘는 경우는 가해자가 자비로 직접 보상을 해야 합니다. 책임보험은 자신을 위해서 가입하는 것이 아니라 타인을 위한 가장 기본적인 보험이며 강제적으로 가입하게 되어 있습니다. 종합보험은 책임보험을 보완한 것으로 가해자 및 피해자의 인명 피해뿐만 아니라 차량 수리비 등을 배상해 주는 것으로 인명 피해는 보험 가입 금액(피해자 1인당 기준)에 따라 5,000만 원, 1억 원, 2억 원, 3억 원 및 무한으로 배상하지만, 대물 피해는 보통 3천만 원~10억 원 한도로 배상해줍니다. 최근에는 고가의 차가 많아서 대물배상 가입금액을 높이는 추세입니다. 종합보험은 강제성은 없지만 만약을 위해 꼭 가입하시기를 바랍니다.

무보험차란?

무보험차는 경제적인 사정 등으로 인해 종합보험에는 들지 않고 책임보험에만 가입한 차, 또는 책임보험조차 가입하지 않은 차를 말합니다. 무보험으로 운전하다가 사고를 내면 책임보험의 한계를 넘는 모든 배상 책임은 고스란히 가해 운전자에게 돌아가게 됩니다. 즉, 피해자가 입은 피해액의 일부는 책임보험 처리가 되지만, 책임보험의 한계를 넘는 피해자의 손해에 대해서는 가해자가 직접 배상해야 하는 것입니다. 보험에 대해서 잘 모르는 초보자는 가족의 차라고 해서 무조건 안심하는 경우가 많은데, 그렇다 해도 운전자가 가족의 보험 특약에 포함되어 있지 않다면 결국 무보험차를 운전하고 있는 것이랍니다. 지금 가족의 차를 몰고 있다면 보험 특약의 운전자 범위를 꼭 확인해 보세요! 그렇다면 과연 얼마나 많은 무보험차가 도로를 활주하고 있을까요? 최근 통계에 의하면 우리나라에서 운행되는 차 중 종합보험에 가입하지 않은 무보험차가 15%이고 이 중에서 책임보험조차 가입하지 않은 차는 약 3.3%라고 합니다. 적지 않은 차들이 무보험 상태로 도로를 활주하고 있는 현실입니다.

무적차, 대포차란?

'대포차', '무적차'란 말을 들어본 적 있나요? 움직이는 폭탄이라고 할 만큼 무시무시한 녀석입니다. 실제로 운전자와 실소유자를 추적하기 어려워서 차량을 이용한 각종 범죄에 악용되는 일도 많답니다. 무적차란 차량 등록증이 없는 차로서 번호판을 위조해서 운행하는 불법 자동차를 말합니다. 사람으로 치면 주민등록증이 없는 사람이 다른 사람의 신분증을 갖고 다니는 셈이죠. 대포차란, 회사가 파산한 뒤 법인 명의의 차량을 무단으로 팔아넘기거나, 사채업자가 채무자의 차량을 담보로 잡고 있다가 제삼자에게 매도하는 경우처럼 정상적인 자동차 이전 등록 절차를 거치지 않고 무단으로 거래하여 등록원부상의 소유자와 실제 소유자가 다른 불법 차를 말합니다. 대포차는 범죄자가 아닌 일반인에게도 유통되고 있는데, 그 이유는 무엇보다 일반 중고차보다 가격이 싸고, 타인 명의로 등록돼 있어서 세금이나 과태료를 내지 않아도 되기 때문입니다. 그러나 사고가 발생할 경우 제대로 보상받기 어렵기 때문에 본인은 패가망신이요 피해자에게는 죄인이 될 수밖에 없습니다. 불법 무적차와 대포차는 사지도 팔지도 말아야 하겠습니다.

02 가족이나 지인에게 배우기

싸우지 말고~

사이좋게 따라해 보아요~!

가까운 사람이라 하더라도 운전연수를 부탁하기란 쉽지 않은 일입니다. 더욱이 가족이나 지인에게 운전연수를 받으면 싸우게 된다는 말은 이미 이 바닥의 전설이 된 지 오래입니다. 사실 그런 이야기가 과장된 것만은 아니죠. 실제 운전연수 중에 부부싸움을 한 후, 어쩔 수 없이 학원에서 운전연수를 받게 된 사람들이 적지 않습니다. 초보운전자가 실수로 액셀을 밟아버리거나 급핸들조작을 한다면 가르치는 사람은 딱히 손쓸 방법이 없기 때문이겠죠. 아무리 강심장이라고 해도 목숨이 오락가락하는 위기 상황이 되면 패닉에 빠지기 마련입니다.

그럼 어떻게 해야 아무 탈 없이 운전연수를 마칠 수 있을까요? 우선 가르치는 사람에게 모든 것을 떠넘기지 말고 초보운전자 스스로 운전에 관한 기본 상식을 습득해야 합니다. 가르치는 사람과 기본적인 대화가 통할 수 있도록 말이죠. 다음은 서로 호흡을 맞춘다 생각하고 한가한 도로에서 운전연수를 해야 합니다. 그러면서 기초를 다지고 단계별로 조금씩 더 교통량이 많은 시내로 나가는 거죠. 옆에서 봐주는 사람이 있으니깐 괜찮겠지, 생각하고 곧바로 복잡한 시내로 가는 것은 위험합니다. 싸움 날 확률도 더 높아지겠지요? 마지막으로 조수석에서 브레이크를 잡을 수 있는 윙브레이크와 초보운전 표지, 차폭감 폴대, 보조미러 같은 운전연수 장비를 준비하면 훨씬 더 침착하고 안전하게 연수를 받을 수 있을 겁니다. 이런 준비가 다 됐다면 좋은 강사를 초빙하는 문제만 남았군요?! ^0^

알아두세요! 운전을 가르치는 방법

연수 중에 싸움이 생기는 것은 초보자만의 잘못이 아닙니다. 운전을 배우다 대판 싸움을 했다는 사람도 전문 강사와는 아무 탈 없이 연수를 잘 마치는 것만 봐도 알 수 있습니다. 문제는 운전을 가르치는 것을 가볍게 여기고 아무런 준비 없이 교육하는 선배 운전자에게도 있습니다. 가르치는 사람도 충분한 자격이 되도록 교습에 대해 준비해야 하는 것입니다.

01 운전연수 안전장비를 최대한 활용하라!

운전연수 장비를 장착하면 가르치는 사람이 후방을 주시하거나 위험할 때 브레이크를 작동할 수도 있어서 연수 중 발생하는 교통사고를 미리 방지할 수 있으니 최대한 활용하기 바랍니다.

윙브레이크 (www.wingbrake.com)
운전을 가르치는 사람이 동승석에서
제동을 걸 수 있도록 하는 안전장치

 〈윙브레이크 QR코드〉

초보운전 표지 운전미숙에 대한 배려와 주의를 요청하는 표지 (부록, 초보운전 스티커를 이용해 주세요!)

차폭감 폴대 차폭 감각이 부족한 운전자에게 범퍼 모서리의 위치를 보여주어 접촉사고를 방지함

보조미러 가르치는 사람이 동승석에서 후방을 살피도록 도와주는 거울

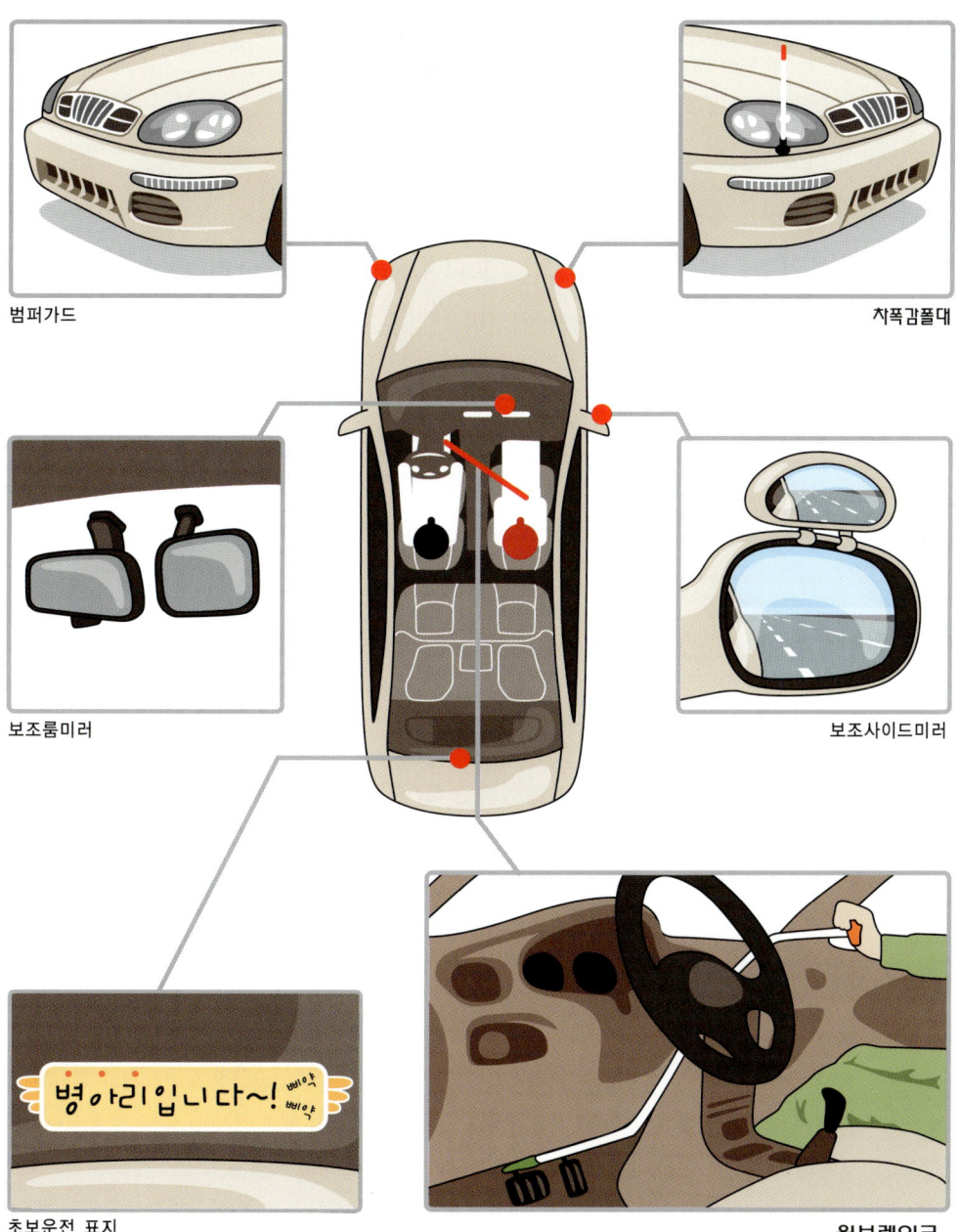

안전장비를 장착한 모습

02 마음을 편하게!

초보자라면 당연히 긴장하고 실수하기 마련인데, 옆에서 가르치는 사람이 덩달아 당황하면서 호통을 친다면 도움을 주는 것이 아니라 운전을 방해하는 꼴이 됩니다. 위기 상황이 발생했을 때 초보자가 지시대로 따라 하지 못한다고 하더라도 당장 호통을 치기보다는 일단 도와주면서 위기를 넘기고 그런 상황에선 어떻게 해야 하는지 차분히 설명해 줘야 합니다. 가르치는 사람이 진득해야 연수자의 마음도 안정이 되고 그래야 실수도 적어지게 된답니다!

예를 들어 초보운전자는 주변에서 경적만 울려도 "내가 뭘 잘못했어요?", "저한테 그런 거예요?" 하고 두리번거리며 안절부절못합니다. 자신의 운전 미숙으로 다른 교통에 방해될까 봐 심리적으로 위축됐기 때문이죠(간혹 정반대의 경우도 있더군요^^). 이럴 때 옆자리에서 가르치는 사람은 초보운전자가 침착해지도록 유도해 줘야 하는데 오히려 다른 사람 눈치만 보면서 초보자를 다그치는 일이 많습니다. 주변에 민폐를 끼치지 않도록 하는 것도 중요하지만 초보자를 배려할 줄 모르는 미성숙한 교통 문화 앞에서는 단호해질 필요도 있습니다. 지나치게 주위를 의식하지 마시고 초보자의 편이 되어주세요.

03 잦은 실수는 미리 일러주라!

초보운전자는 위급한 상황이 오면 머리가 멍해지고 몸이 굳어서 아무런 대처를 하지 못할 수도 있습니다. 그런 상황에 대비하여 잦은 실수에 대한 주의사항 정도는 확실히 주지시키세요. 또한, 가르치는 사람은 초보자가 실수했을 경우를 대비하여 언제나 바로잡아 줄 준비를 하고 있어야 합니다.

미리 일러줘야 할 것

❶ 브레이크를 액셀과 혼동하지 말 것!
왼쪽 페달은 브레이크요, 오른쪽 페달은 액셀이라는 것을 혼동하지 않도록 충분히 주의시켜야 합니다. 돌발 상황에 항상 브레이크를 바로 밟을 수 있도록 평상시에는 브레이크 쪽으로 발을 준비해 두는 게 좋습니다. 그리고 발을 옮기다가 페달을 헛디뎌서 사고가 날 수도 있는데, 이는 다리 전체를 들어 옮기면서 페달을 밟기 때문에 일어나는 실수입니다. 오른발 뒤꿈치를 브레이크와 액셀 사이에 컴퍼스처럼 고정한다 생각하고 페달을 밟는다면 발을 옮길 때 헛디디는 실수를 줄일 수 있습니다.

❷ **비상시 핸들 조작보다는 브레이크를 먼저 밟게 하라!**
초보자는 위험하다 싶으면 고개를 숙이거나 무작정 핸들을 '홱~!'돌리려는 경향이 있습니다. 그러나 핸들보다는 브레이크를 밟아서 속도를 줄여주는 것이 우선입니다. 핸들을 먼저 돌리는 버릇은 반드시 고쳐주기를 바랍니다. 이런 초보자를 가르치다가 실제 위기 상황이 닥친다면 가르치는 사람이 미리 핸들을 잡아서 급핸들조작을 하지 못하도록 막아 줘야 할 때도 있습니다.

❸ **급정지, 급가속을 하지 않게 하라~!**
우선 페달 조작을 미세하고 부드럽게 하는 연습을 충분히 시켜주세요. 실제 운전할 때는 가르치는 사람이 앞차와의 거리와 속도를 미리 조정시켜 주는 역할도 해야 합니다.

❹ **초보자에게 맞는 안전거리를 확보시켜라!**
가르치는 사람이 느끼는 안전거리가 아니라, 초보자에게 필요한 안전거리를 충분히 확보시켜야 합니다. 가르치는 사람이 자기가 하던 대로 초보자의 안전거리를 좁게 잡아줘서는 안 되겠습니다. 초보운전자가 감당할 수 있는 안전거리를 확보하게 도와주세요!

04 습관이 되도록 예령을 붙여라!

누구나 초보운전자가 되면 건망증이 심해집니다. 조금 전에 분명 설명을 한 내용도 조금만 지나면 잊어버리기 일쑤죠. 갑자기 이것저것 살펴야 할 게 많다 보니 헷갈리기 때문입니다. 그래서 몸에 습관이 밸 때까지는 반복적으로 설명을 해줘야 합니다. 예를 들어서, 신호등을 보지 않고 교차로를 넘어가려고 할 때는 "전방에 신호등!", 깜빡이를 켜지 않고 차선 변경이나 진로 변경을 하려고 할 때는 "좌측 깜빡이!" 하는 식으로 초보자가 어느 정도 습관이 될 때까지 반복하여 예령을 붙여주라는 것입니다.

깜박하기 쉬운 예

- 교차로를 넘을 때 신호등을 보지 않고 넘어가려 한다.
- 차선 변경하면서 후방을 확인하지 않거나 깜빡이를 켜지 않고 차선 변경을 한다.
- 안전거리를 확보하지 않는다.
- 수동변속기의 경우 속도가 떨어지는데도 클러치를 밟지 않아서 시동을 자주 꺼트린다.
- 수동변속기의 경우 기어 변경 시점을 깜박하고 변속하지 않는다.

05 한발 앞서서 지시하라!

가르치는 사람이 상황을 판단한 후 "지금 왼쪽으로 끼어들어!"라고 말을 하면, 그 말을 초보자가 들어서 이해한 다음 실제 행동으로 옮기기까지 적잖은 시간이 소요됩니다. 이렇게 낭비되는 시간을 반응시간이라고 하는데, 시속 60km로 달리고 있다고 했을 때 이런 반응시간이 2초만 흐른다고 해도 무려 34m를 무방비로 달리는 꼴이 된답니다. 지시에 따라 행동하는 연수의 특성상 이런 반응시간이 길어져서 행동하기 좋은 타이밍을 놓치기 십상입니다. 따라서 가르치는 사람은 소모 시간을 예측하고 한 박자 미리 지시해서 초보자의 반응시간을 최대한 줄여주어야 합니다. 자기가 운전하듯이 딱 그 순간에 어찌하라고 지시한다면, 초보자는 이미 적절한 시기를 놓칠 수밖에 없으니까요. 예를 들어, 차선 변경은 기회가 쉽게 나지 않을뿐더러 기회가 왔다고 하더라도 시간이 짧아서 그 기회를 살리기가 쉽지 않습니다. 게다가 초보운전자에게 차선 변경하라고 말해봤자 반응시간의 차이 때문에 버스 떠난 뒤 손드는 꼴이 될 수밖에 없죠. 해결 방법은 가르치는 사람이 뒤차의 속도를 읽으면서 한 박자 먼저 예측해서 초보자에게 끼어들 시기를 말해 주는 겁니다. 더 나아가 연수 코스를 염두에 두고 미리 방향 전환을 준비시킨다면 초보자가 훨씬 수월하게 따라 할 수 있을 겁니다. 물론 이렇게 하려면 가르치는 사람은 항상 도로 여건과 연수 코스를 계산하고 있어야 하므로 쉽지만은 않은 일입니다.

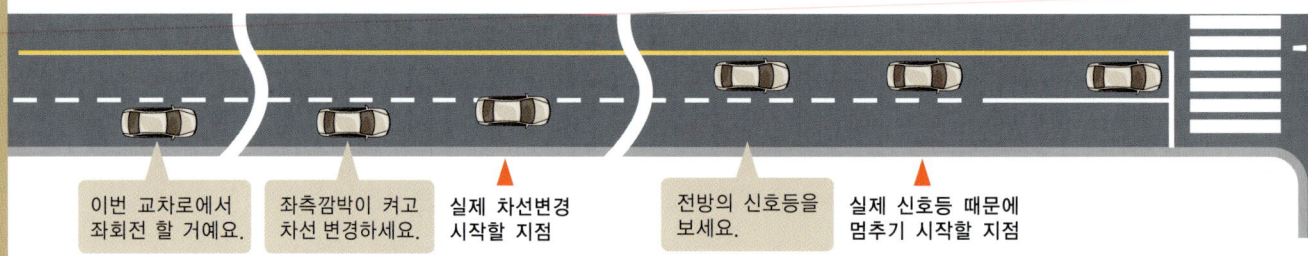

06 잘못된 관행을 전수하지 말자!

운전을 10년 넘게 했는데도 원칙을 모르고 남들 다 하니까 합법적일 거라고 생각하며 잘못된 운전 습관을 전수해 주는 경우가 많습니다. 이제, 막 첫 단추를 끼우는 초보운전자에게 악습을 전수해서야 되겠습니까? 설사 관행대로 한다고 하더라도 원칙은 알고 있어야 하겠습니다.

다들 한다고 무조건 따라하면 안됩니다~!

07 스스로 판단하게 하라!

연수 초반에는 가르치는 사람이 핸들 조작이나 진로 결정 등을 대신해 줘야 할 때가 많지만 연수 후반에는 초보자가 혼자 알아서 할 수 있도록 조금씩 손을 놓아줘야 합니다. 끝까지 운전에 참견하고 통제한다면 초보자는 가르치는 사람의 명령에만 의존하게 되어 자기 판단력을 키울 수 없게 됩니다. 결국 선배 운전자와 연수할 때는 잘되는 것 같지만, 혼자서는 아무 것도 할 수 없는 기이한 현상이 생기게 되죠. 연수 후반에는 초보자 스스로 판단하게 해주세요. 자전거 타는 법을 가르칠 때 잡아주던 손을 슬쩍 놓아버리는 것처럼 말이죠!

08 장점을 칭찬하라!

못하는 것을 질책하는 만큼 잘하는 부분도 찾아서 칭찬해 주세요. 자신감이 있어야 운전 실력이 빨리 늘게 되는데, 칭찬만큼 자신감을 북돋아 주는 것도 없으니까요. 반대로 당장 운전을 때려치우게 하고 싶거든 계속 잔소리하면서 호통을 치시기 바랍니다! ^o^

운전 학원 강사에게 배우기

두배의 효과~ 두배의 감동!

'돈 아깝게 왜 학원에서 운전연수를 받아? 중고차 하나 사서 몇 번 부딪히면서 배우면 되지!' 라고 생각하는 사람도 많습니다. 그러나 연수를 받지 않고 차를 끌고 나갔다가 사고라도 나면 괜히 돈 몇 푼 아끼려다가 더 큰 낭패를 당하는 꼴이 되고 맙니다. 특히 초보운전자 중에는 전문 강사에게 운전연수를 꼭 받아야 할 정도로 감각이 둔한 사람이 적지 않답니다. 운전 강사는 수년 동안 그런 초보운전자를 가르쳐 왔기 때문에 든든하고 무엇이 잘못됐는지 시원스럽게 안내해 줄 수 있습니다. 안전과 전문성을 생각한다면 학원 연수도 필요한 것입니다. 단, 불량 학원이나 자질이 부족한 강사가 있을 수도 있기 때문에 사전에 학원 측에 사고 시 보험 처리나 서비스에 대해 꼼꼼히 문의해야 하겠습니다.

"몇 시간이나 연수를 받아야 혼자서도 운전을 잘할 수 있을까요?"하고 물어오는 연수생이 많습니다. 연수 기간을 오래 잡는다면야 좋겠지만 시간 투자와 비용 부담도 생각해야 하므로 무작정 연수를 오랫동안 받을 수는 없는 일이고 가능한 짧은 시간에 최대의 효과를 볼 수 있도록 계획을 세워야 합니다. 사람마다 그 기간이 제각기 다르기 때문에 딱 이만큼이라고 말할 수는 없습니다만, 나이가 많을수록 연수 시간도 많이 소요된다는 점과 경제적으로 계산해 볼 때 20~30대는 10~20시간, 40대 이상은 20~30시간 정도 연수 시간이 필요하다고 볼 수 있습니다.

전문 강사에게 배울 때 가장 중요한 것은 강사의 의도를 잘 파악하고, 궁금한 것은 그때그때 질문하는 적극적인 연수 자세입니다. 연수 시간은 한정돼 있고 교육 내용도 그때그때 달라지는 것이 운전연수의 특성입니다. 그 때문에 모든 것을 일일이 다 알아서 해줄 거라고 방관하면 좋은 연수가 될 수가 없습니다. 이 책을 미리 읽고 기본적인 것을 공부해 두어서 본인이 취약한 부분이나 궁금한 점을 적극적으로 질문을 해보세요. 두 배의 효과, 두 배의 기쁨이 생길 것입니다!^0^

CHECK

빼놓지 말고 배워야 할 것 | 차선 변경 | 교차로 통행 방법 | 골목길 주행 | 고속 주행 | 커브길 주행 | 주차 방법 | 언덕길 출발 방법(수동) | 야간 운전

Lesson 2  운전장치 익히기

자기 차의 취급설명서쯤은 꼭 한번 읽어보기를 바랍니다. 본 내용은 보편적인 사항을 종합한 것이므로 차종마다 다소 차이가 있을 수 있습니다.

01. 계기판 보기

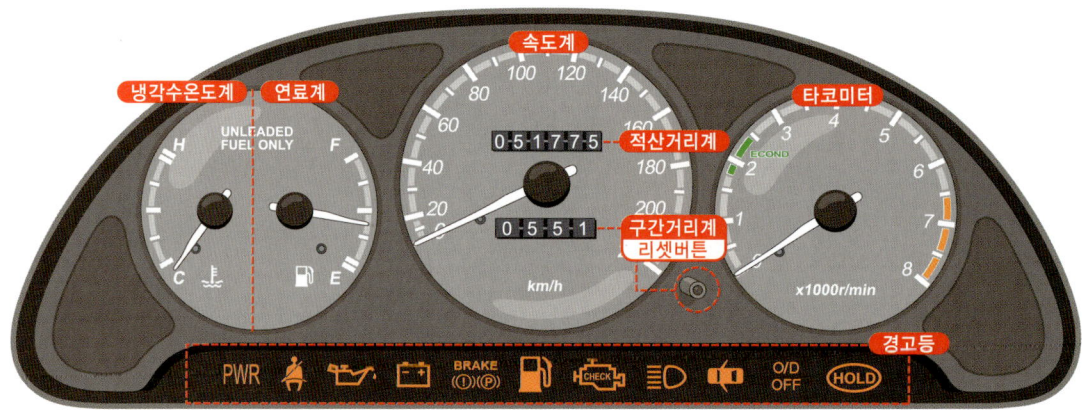

'차는 잘 달리니까 문제없겠지!' 생각하고 계기판은 쳐다보지도 않는 운전자가 많습니다. 어쩌다 한 번씩 속도계만 보는 게 고작이죠! 하지만 계기판은 멋을 위한 인테리어 소품이 아니라 운전에 필요한 정보와 자동차의 상태를 알려주는 중요한 장치라는 것을 알아야 합니다. 과연 자동차가 계기판을 통해서 운전자에게 어떤 메시지를 전달하려고 하는지 알아볼까요?

속도계 | 시간당 주행 속도를 보여줘요!

속도계는 잘 아시죠? 시간당 주행 속도를 나타냅니다. 주행 중에 감각에만 의존하지 말고 수시로 계기판을 확인하면서 속도 감각을 익히고 무의식적으로 과속하지 않도록 주의하세요.

타코미터 | 엔진의 회전수를 보여줘요!

타코미터는 엔진이 1분당 몇 회 회전하는지를 나타냅니다. 바늘이 1에 있으면 분당 1,000회, 2에 있으면 분당 2,000회 회전하고 있는 것입니다. 차가 정차해 있는 상태에서는 보통 약 800회 정도 회전(공회전 상태)하는데, 액셀을 밟아주면 회전수도 따라서 올라가게 됩니다. 일반 주행할 때는 약 2~3rpm 정도로 주행하는 것이 좋으며 5rpm 이상 올라가지 않는 것이 엔진 수명과 연료 절약에 좋습니다.

거리계

적산거리계 | 총 주행거리를 알려줘요!

적산거리계는 자동차가 출고된 후부터 주행한 총거리를 보여줍니다. 자동차의 현재 성능과 가치를 판단할 수 있는 잣대도 되기 때문에 중고차를 매매할 때 꼭 확인하는 것 중 하나죠! 일반적으로 평균 1년 주행거리는 10,000~20,000km쯤 됩니다. 기간에 비해 너무 많이 달렸다면 엔진이 혹사당했

을 수 있기 때문에 엔진 성능을 의심해야 하고, 반대로 너무 적게 달렸다면 미터기 조작을 의심해 봐야 합니다. 다행히 요즘에는 중고차를 거래할 때 사고이력조회(www.carhistory.or.kr)나 미터기 조작을 확인해주는 서비스가 있어서 점점 중고차 거래가 투명해지고 있습니다. 적산거리계는 그 밖에도 각종 소모품의 교환 주기를 판단할 때 참고할 수 있습니다.

구간거리계 | 연비를 측정할 수 있어요!

구간거리계는 리셋 버튼을 누르면 수치가 '0'으로 초기화됩니다. 즉 리셋 버튼을 누른 후부터의 거리를 측정할 수 있는 것이죠. '집에서 직장까지의 거리'처럼 특정 구간의 거리를 측정하거나 연비를 측정할 때 많이 사용한답니다.

냉각수 온도계 | 자동차의 체온이에요~!

사람은 36.5~37도가 정상 체온이고 이를 벗어나면 몸에 이상이 생기게 되죠? 자동차도 마찬가지랍니다. 냉각수의 온도계를 볼 줄 알면 엔진의 상태를 어느 정도 판단할 수가 있습니다. 냉각수의 정상 온도는 80~95도이며, 이때 온도계 바늘은 그림처럼 H와 C 중간에 있어야 합니다.

하지만 냉각수가 새거나 수온 센서가 고장 나는 등의 이유로 온도가 너무 높거나 낮아지면서 온도계 바늘도 중앙을 벗어나게 된답니다. 바늘이 H 쪽으로 이동하면 엔진이 과열됐다는 것인데, 그대로 방치하면 냉각수가 끓어 넘치고 보닛에서 김이 모락모락 피어오르는 오버히트가 발생합니다. 오버히트가 시작되면 뜨거운 열에 의해 엔진이 변형될 수도 있으니, 차를 세우고 엔진을 식힌 후 적절한 조처를 해줘야 합니다.

◐ STEP6 | 오버히트 대처하기

반대로 바늘이 C 쪽으로 내려갔다는 것은 엔진이 지나치게 차가워졌다는 것을 의미합니다. 이렇게 되면 연료 소모는 커지고 엔진의 힘은 약해지게 됩니다. 다양한 원인에 의해 나타나는 증상이므로 전문가와 상의해야 합니다.

알아두세요! 내 차가 먹는 연료의 양

차의 연료소비율을 간단하게 줄여서 연비라고 말합니다. 연비는 연료 1ℓ로 달릴 수 있는 거리를 나타내며 단위는 km/ℓ로 표시합니다. 예를 들어, 10km/ℓ의 연비라면 연료 1ℓ로 10km의 거리를 주행할 수 있다는 뜻입니다. 각 자동차에 표기된 에너지소비효율등급표에는 공인연비를 표기하고 이를 1~5등급으로 구분하고 있지만, 우리나라 교통 여건 상 표기된 공인연비보다 더 많은 연료를 소모하는 경우가 많아서 소비자들의 불만을 사고 있답니다. 그 때문에 여러분의 차가 실제로 얼마나 연료를 많이 먹는지 알고 싶다면 실연비를 직접 측정해 봐야 합니다.

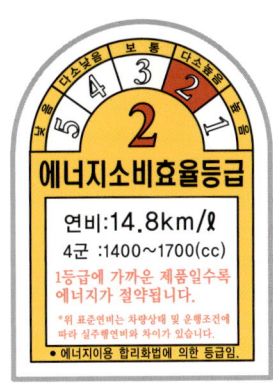

CHECK
공인연비 | 연비 측정 공식 기준을 사용한 것으로 에너지소비효율등급표에 표기됨
실연비 | 실제 주행하여 측정한 것으로 공인연비보다는 효율이 떨어짐

내 차의 실연비 계산하기

주유시 내 차의 연비를 알고 싶다면 연료 잔량을 확인하고 구간거리계 리셋 버튼을 누릅니다.

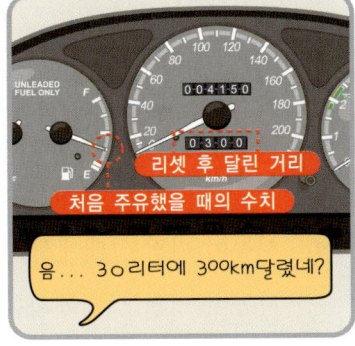

주행하다가 연료가 처음 주유했을 때 수치로 떨어지면 구간거리계를 확인합니다.

연비를 계산한다.
달린 거리(km)/소모연료(ℓ)=연비
이를 여러번 합산하여 평균을 내면 더욱 정확한 연비가 계산됩니다.

02 경고등 보기

| 오일압력 경고등 | 핸드브레이크 경고등 | 엔진 경고등 | 도어열림 경고등 | 오버드라이브 경고등 |
| 안전벨트 경고등 | 충전 경고등 | 연료 경고등 | 상향등 표시등 | 파워 경고등 | 홀드 경고등 |

오일압력 경고등

POINT 엔진오일이 부족하거나 필터가 막혔을 때 점등
엔진오일은 5,000~10,000km마다 교환해야 함

엔진오일이 바닥나거나 오일필터가 막히면 오일 압력이 엔진에 손상을 줄 정도로 낮아지는데, 이럴 때 이상을 알리는 경고등이 오일 압력 경고등입니다. 보통은 엔진오일을 교체하거나 오일필터를 교환해 주면 경고등이 사라집니다. 만약 경고등이 점등됐는데도 이를 무시하고 계속 주행하면 엔진 소음 및 연료 소비가 커지고 엔진의 힘도 떨어집니다. 더 심할 경우에는 엔진이 깨지고 변형되어 사용할 수 없을 지경에 이르게 된답니다.

◯ STEP6 | 엔진오일 관리하기

충전 경고등

POINT 발전기에 이상이 있을 때 점등
정비소에 빨리 가야 되는 위급 상황

자동차의 전원 장치로는 배터리와 발전기가 있습니다. 시동이 꺼진 상태에서는 배터리가 전기를 공급해 주고, 시동이 켜진 상태에서는 발전기가 전기를 공급해 줍니다. 따라서 시동이 켜져 있는 주행 중에 충전 경고등이 들어오면 그 고장 원인은 발전기에 있을 가능성이 높습니다.

STEP1 | LESSON2 | 02

이때는 필요한 전원만 사용하며(에어컨, 라디오 등을 절약할 것) 배터리가 방전되기 전에 가까운 정비소로 가서 정비받아야 합니다. 그렇지 않으면 길 한복판에 차가 정지되어 견인차 신세를 질 수도 있답니다.

POINT 핸드브레이크가 채워져 있을 때 점등
브레이크라이닝이 닳았거나 브레이크 오일이 부족할 때 점등

핸드브레이크(주차브레이크)가 채워져 있을 때 점등되며, 브레이크 패드가 많이 닳았거나 브레이크 오일이 부족할 때도 점등됩니다. 만약 주행 중에 핸드브레이크를 내려서 풀어줬는데도 경고등이 들어와 있다면 브레이크 패드가 닳았거나 오일이 부족한 것이므로 정비소에서 점검받아야 합니다.

◯ 핸드브레이크 | 58p

POINT 연료량이 부족한 경우 점등
경고등이 점등되기 전에 미리 주유할 것

연료 경고등은 연료량이 부족한 경우에 점등됩니다. 연료 경고등이 최초 점등된 후 얼마나 더 달릴 수 있을까요? 물론 경고등이 점등되기 전에 미리미리 연료를 채워주는 것이 좋겠으나 누구나 한 번쯤 실수하기 마련이죠. 차종과 연비에 따라 각각 다르겠지만, 일반적으로 연료가 5~10ℓ 정도 남았을 때 경고등이 최초 점등됩니다. 5ℓ의 연료가 남아 있다고 했을 때, 10km의 연비라면 50km는 달릴 수 있다는 계산이 나옵니다. 따라서 최초 연료 경고등이 점등되더라도 곧바로 차가 멈추지 않을까 염려하지는 않아도 된답니다.

33

운전장치 익히기

엔진 경고등

POINT 전자제어 센서나 부품에 이상이 있을 때 점등
가까운 정비소에서 점검을 받아야 함

각종 센서의 고장이나 컴퓨터에 이상이 있을 때 점등됩니다. 운전자가 이상 유무를 확인할 수는 없으므로 가까운 정비소에서 점검받아야 합니다.

상향등 표시등

POINT 상향등이 켜 있을 때 점등
사용 후 하향등으로 바꿔야 함

상향등표시등을 하향등 표시로 잘못 알고 일부러 켜고 다니는 운전자도 있더군요! 계기판에는 하향등표시등이 없습니다. 상향등은 야간에 표지판을 보거나 한가한 길에서 더 멀리 보기 위해서 유용하게 사용됩니다. 그러나 계속 켜놓고 있는 것은 맞은편 운전자를 눈 부시게 해서 사고의 위험을 높일 수 있으므로 사용한 후에는 꼭 하향등으로 바꿔줘야 합니다.

도어 열림 경고등

POINT 문이 열려 있을 때 점등
개문발차 사고가 발생할 수 있으므로 주의

문이 열려 있을 때 들어오는 경고등입니다. 이 경고등을 제대로 확인하지 않고 출발할 경우에는 문이 갑자기 열리면서 사람이 튕겨 나가거나 다른 차량과의 접촉 사고가 생길 수 있습니다. 또한 승객이 미처 다 내리지도 않았는데 출발하다가 사고를 당할 수도 있습니다. 이런 개문발차 사고는 12대 중과실 위반 행위에도 해당하며 위험도가 높으니, 운전이 능숙해지더라도 주의하시기를 바랍니다.

다기능 스위치

다기능 스위치라는 말이 좀 생소하게 들릴지도 모르겠군요. 핸들 아래 양옆으로 더듬이처럼 나와서 등화와 와이퍼를 작동시키는 스위치라고 하면 아마 아실 겁니다. 등화 관련 스위치는 왼쪽에 있고, 와이퍼 관련 스위치는 오른쪽에 있죠. 그런데 초보자들은 주로 주간에만 운전하므로 등화 관련 스위치를 어떻게 작동해야 하는지 모르는 경우가 많습니다. 자주 사용하는 깜빡이나 전조등 정도만 알고 있을 뿐, 그 외의 등화는 어디에 불이 들어오고 어떤 역할을 하는지는 잘 모른 채로 넘어가 버립니다. 또 맑은 날에만 운전하다 보니 갑자기 비가 오는 날에는 와이퍼를 어떻게 작동하는지 몰라서 헤매기도 한답니다. 깜빡이와 와이퍼의 위치를 혼동하기도 하지요. 연수하면서 미리 정확하게 짚고 넘어가기를 바랍니다.

다기능 스위치에 의한 작동 개소

등화 관련 스위치

방향지시등 스위치

흔히 깜빡이라고도 하며 좌회전, 우회전, 차선 변경 등 진로를 변경할 때 사용합니다. 위로 올리면 우측 깜빡이가, 아래로 내리면 좌측 깜빡이가 켜집니다.

라이트 스위치

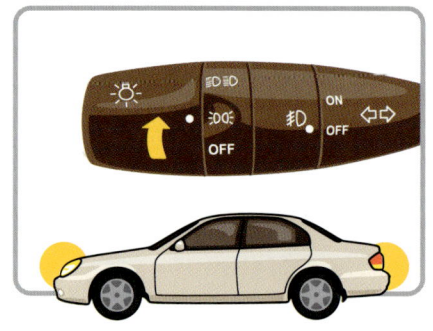

미등 1단

왼쪽 끝 스위치를 1단 앞으로 돌려서 미등을 켜면 차폭등, 계기판등, 번호판등도 함께 켜지게 됩니다. 차폭등은 자동차의 앞쪽 양옆에 방향지시등 위치에 켜지는 노란불이고, 미등은 뒤쪽 양옆에 브레이크등이 켜지는 곳에 약하게 빨간불이 켜져서 내 차의 위치를 다른 운전자에게 노출해 줍니다.

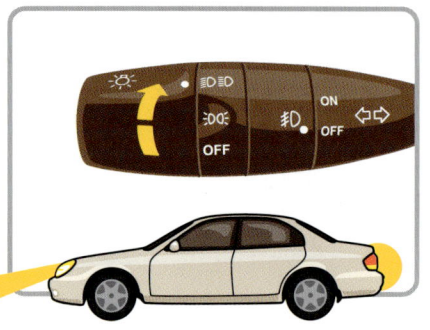

전조등(하향등) 2단

미등을 켠 상태에서 한 단 더 앞으로 돌리면 앞을 환하게 밝혀주는 전조등이 켜집니다. 전조등에는 상향등과 하향등이 있는데 지금 상태는 아래를 비추는 하향등 상태입니다.

STEP1 | LESSON2 | 03

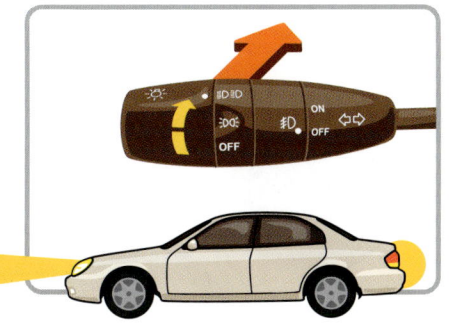

상향등 2단 + 몸 바깥으로 누름

2단 하향등 상태에서 스위치를 몸 바깥쪽으로 밀면 상향등이 켜집니다. 상향등은 야간에 차가 없는 한가한 도로에서 멀리 시야를 확보하려고 할 때 사용합니다. 일반도로에서는 마주 오는 차의 운전자를 눈 부시게 해서 피해를 줄 수 있으므로 사용하지 말아야 합니다.

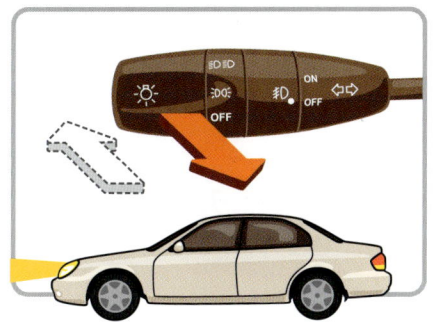

패싱라이트 스위치를 몸쪽으로 당김

스위치를 몸쪽으로 당기면 켜지고 놓으면 다시 꺼지는데, 이를 반복해서 "깜빡, 깜빡" 조심 하라는 신호를 줄 때 사용합니다. 주로 앞 차를 추월할 때나 내 차의 존재를 상대에게 알릴 때 '비켜 달라, 위험하니 주의 하라'는 등 상황에 따라 다양한 용도로 사용합니다.

와이퍼 관련 스위치

와이퍼 스위치
핸들 우측 레버를 원하는 위치로 어줍니다.
OFF 정지 / INT 일정 시간 후 주기적 작동
LOW 느리게 작동 / HIGH 빠르게 작동

워셔 스위치
핸들 우측 레버를 몸쪽으로 당기면 워셔액이 분사됩니다.

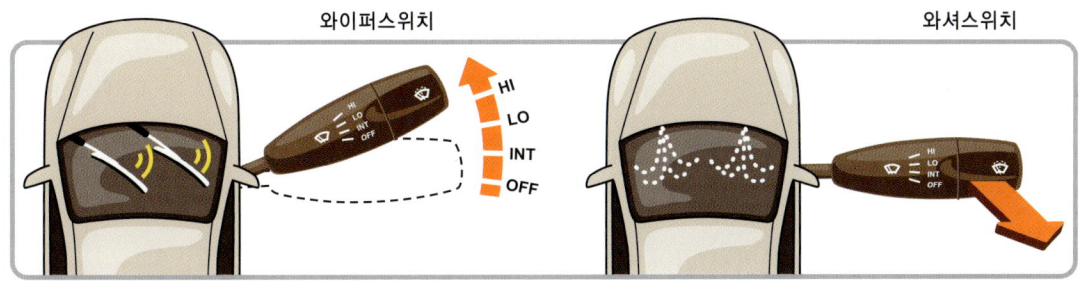

37

엔진 시동 스위치

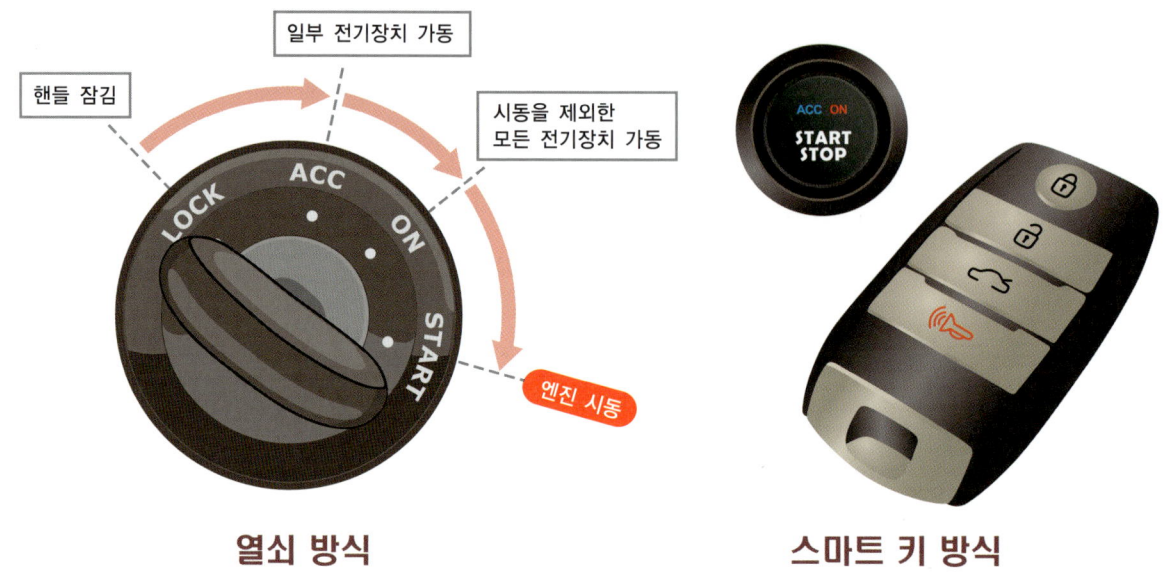

열쇠 방식　　　　　　스마트 키 방식

시동을 켜는 방식이 열쇠를 돌리는 방식에서 간단히 스마트 버튼이나 스마트 키로 버튼을 누르는 방식으로 빠르게 전환됐습니다. 두 방식 모두 브레이크를 밟은 상태에서 열쇠를 돌리거나 버튼을 눌러야 시동이 켜집니다. 브레이크를 밟지 않고 버튼을 누르면 시동은 켜지지 않는 상태로 차량 전원이 다음과 같은 순서로 들어오게 됩니다.

락(lock)

열쇠 방식의 경우 주차한 후, 키를 빼면 자동으로 스위치가 핸들 락 위치에 가게 되는데 그 상태에서 핸들이 조금 돌아가게 되면 핸들이 잠겨서 움직이지 않게 됩니다. 핸들에 자물쇠를 채워놓은 꼴이 되는 것이죠! 핸들이 잠기면 시동을 걸려고 해도 키가 돌아가지 않습니다. 이걸 모르면 키박스가 고장 난 것으로 착각하고 열쇠 전문가를 부르는 해프닝도 벌어진답니다. 핸들에 락이 걸려서 키가 돌아가지 않을 때는 핸들을 살며시 좌우로 회전시키며 동시에 키를 돌려주어야 락이 풀리면서 키가 돌아갑니다.

락은 차량 도난을 방지하려고 만들어진 장치입니다. 가끔 예전 영화 속에서 주인공이 자동차 키 없이 전선을 따서 시동 걸고 도망치는 장면 본 적 있죠? 가능은 합니다만 요즘 차는 키 없이 시동은 걸 수 있어도 락 장치를 제거하지 않는 한 핸들이 돌아가지 않아서 운전할 수가 없답니다!

액세서리(ACC)

액세서리 위치로 키를 돌리면 시동이 꺼진 상태에서 라디오, 미등, 실내등과 같은 일부 전기장치를 가동할 수 있습니다. 하지만 장시간 이렇게 전기장치를 켜둔 채 방치하면 배터리가 방전 될 수도 있으니 주의하세요.

온(ON)

자동차를 운행할 때의 위치로 시동모터를 제외한 모든 전기장치를 작동할 수 있습니다. 시동이 꺼진 상태에서도 오토 윈도우, 와이퍼같이 액세서리(ACC)에서 작동이 되지 않는 전기장치를 작동하고 싶을 때는 키를 온(ON) 위치에 둬야 합니다. 액세서리와 마찬가지로 장시간 방치하면 배터리가 방전될 수 있습니다.

스타트(start)

키를 꽂은 후 **락(LOCK)➡ 액세서리(ACC)➡ 온(ON)➡ 스타트(START)** 순서대로 돌려주면 시동모터가 가동되면서 엔진에 시동이 걸립니다. 시동이 걸린 후 키를 놓아주면 다시 켜는 온(ON) 상태로 돌아오게 됩니다. 시동모터는 말 그대로 시동을 걸기 위해 필요한 모터이며, 순간에 엔진을 돌리기 위해 많은 힘을 내야 하므로 소모되는 전류 또한 크답니다. 따라서 시동이 걸리지 않더라도 10초 이상 돌리지 않는 것이 좋으며, 한 번에 시동이 되지 않을 때는 곧바로 다시 돌리지 말고 몇 초 쉬었다가 다시 키를 돌려주어야 합니다.

부르릉~! 하고 경쾌한 소리가 나면 시동이 걸린 것인데 이를 모르고 계속 키를 돌리고 있으면 시동모터에 손상을 줄 수도 있습니다. 옆 그림이 바로 시동모터인데, 시동을 걸 때 "키딩 키딩~"하며 울리는 소리가 바로 이 녀석이 엔진 톱니바퀴를 모터로 돌리는 소리랍니다.

시동모터

시동모터가 없었던 자동차 개발 초기만 해도 경운기처럼 사람이 차 밖에서 시동 막대를 손으로 돌려서 시동을 걸어야 했었죠. 시동 걸기가 너무 힘들어서 차를 몰고 다니던 귀족들은 옆자리에 시동을 거는 하인을 태우고 다녔고 그때부터 운전석 옆자리를 조수석이라고 부르게 된 것이라고 합니다. '조수석'의 어원이 별로 좋지 않죠? 요즘으로 따지자면, 손님이나 애인이 조수가 되는 꼴입니다~^-^;; 그래서 최근에는 동승석이라고 부릅니다. 만약 시동모터가 아직도 발명되지 않았다면? 동승석에 탄 사람은 지금도 열심히 시동 막대를 돌려야 하겠죠?

준비 끝~~~~!

STEP 2 운전연수
시작하기

우아~

우아~

부드럽게 핸들잡고 출발~!

Lesson 1 운전의 첫걸음

YOU CAN FLY!

이제 직접 핸들을 잡고 운전연수를 시작해 봅시다! 처음부터 복잡한 시내를 주행하면 매우 위험합니다. 가급적 공터나 한적한 도로에서 운전연수를 시작하고 뒤 유리창에는 초보운전 표지를 붙여주세요! 예전에는 면허 취득 6개월 이내의 초보운전자를 보호한다는 이유로 '초보운전' 표지를 붙이도록 의무화했었지만, 수년 동안 운전을 하지 않은 장롱면허 소지자가 운전을 더 못하는 경향이 많아서 형평성에 맞지 않는다는 이유로 '초보운전' 표시 의무는 폐지되었습니다(1999. 1. 29 경찰청 자체 규제 정비계획에 따라 초보운전 표지 부착 규제 폐지). 따라서 '초보운전' 표지를 하지 않아도 법적으로 문제 될 것은 없습니다. 하지만 무엇보다 가장 중요한 것은 다른 운전자에게 내가 실수할 수 있음을 미리 알리고, 양해를 구하면서 서로의 안전을 도모해야 한다는 것이겠지요. 그런 점에서 '초보운전' 표지 부착은 권장할만한 운전문화입니다. 책 후면에 리무버블 차량용 초보운전 스티커를 부록으로 수록했으니 많이 활용해 주시기를 바랍니다!

01. 출발 준비

운전의 시작은 바르고 편안한 자세에서부터 시작됩니다. 바른 운전 자세를 취해줘야 핸들이나 페달 등 각종 장치도 신속히 조작할 수 있습니다. 여러분의 자세는 어떤지 점검해 보세요.

✗ 집중하는 듯한 자세

대부분 처음 시트에 앉았을 때는 자세를 잘 잡습니다. 하지만 운전을 하다 보면 전방을 유심히 주시하려고 조금씩 상체를 앞으로 숙이는 것이 문제랍니다. 특히 어두운 밤에는 앞쪽으로 숙이는 현상이 더 심해집니다. 이런 자세는 핸들과 페달 조작이 불안정해질 뿐만 아니라 시야가 좁아지게 됩니다. 버릇되기 전에 바른 자세로 교정해 주세요.

✗ 너무 편한 자세

너무 편히 누워 계시군요! 이런 자세는 숙련된 운전자 중에서 많이 볼 수 있습니다. 의자가 뒤로 밀렸고 등받이도 뒤로 젖혀져서 운전자가 팔과 다리를 쭉 펴고 있습니다. 나름대로 운전에 자신이 있다 보니 방심하는 듯합니다. 한술 더 떠서 한 손으로 핸들을 조작하기도 하죠. 그러나 위기의 순간에 제대로 대응할 수 없을 뿐 아니라 지나치게 편안하다 보니 졸음이 오기 딱 좋습니다.

○ 안정적인 자세

머리는 등받이로부터 살짝 들어 앞을 주시하고, 팔과 다리는 펴고 오므리기 좋아(핸들을 잡은 팔과 페달을 밟은 발의 각도가 120도 정도) 안정적입니다. 이 자세는 최대한 편함과 동시에 장시간 운전해도 피로함이 적게 쌓여 졸음 운전을 예방해 줍니다. 적당한 긴장과 편안함이 있다는 것이죠! 의자 바닥의 조절 레버로 의자의 전후 위치를 조정하고 시트 옆에 있는 레버로 등받이 각도를 알맞게 조절해 보세요!

운전의 첫걸음

미러를 조정하세요!

사이드미러

상하 조정은 지평선이(평탄한 도로상에서) 중앙에 오도록 맞춥니다. 좌우 조정은 차체가 1/4~1/5 정도 보이도록 하는 것이 좋습니다. 차체가 너무 많이 보이면 사각지대가 커지고 너무 적게 보이면 뒤 차가 내 차와 얼마나 떨어져 있는지 거리를 판단하기 어려워집니다.

◯ **차선** 변경 공식 | 116 p

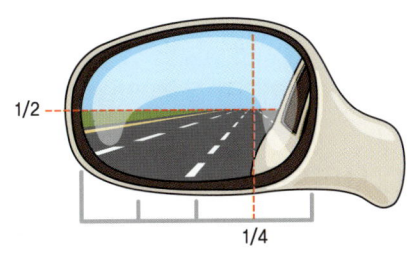

룸미러

룸미러는 시트에 편안히 앉은 상태에서 뒷유리 전체가 보일 수 있도록 조정하세요. 주행 중에 룸미러를 보면서 후방을 감시하면 차선 변경이 수월해지고 뒤 차와의 사고를 줄일 수도 있습니다.

안전벨트는 꼭! 매세요~!

안전벨트를 착용하세요! 너무 당연해서 굳이 언급할 필요가 없습니다만 경황이 없어서 깜빡하거나 답답해서 하지 않는 경우가 많기에 강조합니다. 자연스럽게 벨트를 매도록 처음부터 습관을 들여야 합니다. 벨트를 안 했을 때 오히려 답답한 느낌이 들 정도로 말이죠. 벨트를 안 매고 있다가도 경찰이 단속하면 재빨리 두르기도 합니다만, 벌금 보다는 자신의 안전을 더 챙겨야 하겠

습니다. 최근 연구 결과에 의하면 안전벨트를 매지 않고 에어백만 작동한 차의 운전자 사망률은 겨우 8% 정도 감소했지만, 안전벨트만 착용한 운전자의 사망률은 65%나 감소했다고 합니다. 물론 두 가지를 동시에 하는 것이 가장 안전하겠죠?!

알아두세요! 보이지 않는 사각지대

시트에 앉아서 운전할 때 운전자의 시야에 보이지 않는 지역이 생기게 되죠? 이런 곳을 사각지대라고 하는데, 운전자에게 보이지 않는 만큼 각별한 주의가 필요합니다. 운전에 큰 지장을 주는 사각지대는 총 4가지를 들 수 있습니다.

1. 사이드미러 사각지대

사이드미러 사각지대는 아래 그림처럼 운전자의 시야에도, 사이드미러나 룸미러에도 보이지 않는 구역을 말합니다. 차선 변경할 때 특히 주의해야 합니다. ◐ 사이드미러 사각지대 | 128p

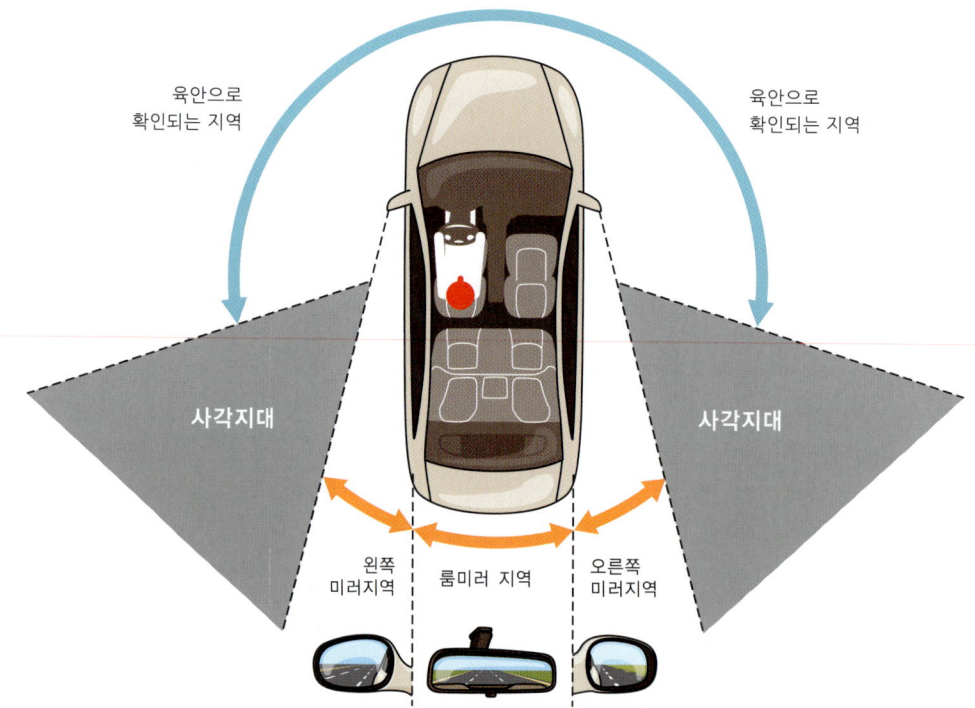

2. 전후 사각지대

앞이나 뒤를 볼 때도 사각지대가 생깁니다. 앞쪽은 작은 골목길을 빠져나갈 때 주의해야 하고 뒤쪽은 후진할 때 주의해야 합니다. 특히 후방에 생기는 사각지대가 전방보다는 더 크다는 점을 유념하고 후진할 때 각별히 주의하시기 바랍니다.

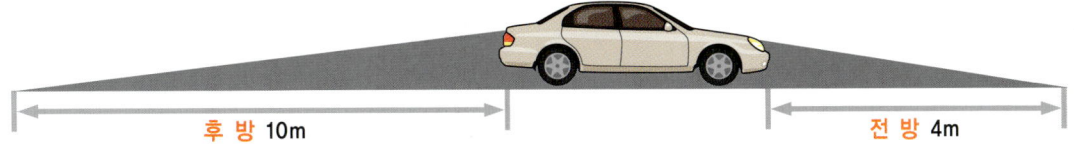

3. 좌우 사각지대

운전자의 좌우로도 사각지대가 발생하는데, 운전자의 좌측보다는 우측의 사각지대가 훨씬 크답니다. 이로 인한 착시 현상으로 초보자들은 차선의 중앙으로 달리지 못하고 왼쪽으로 바짝 붙어서 달리는 경우가 많습니다.

● 착시 현상으로 인한 왼쪽 치우침 | 105 p

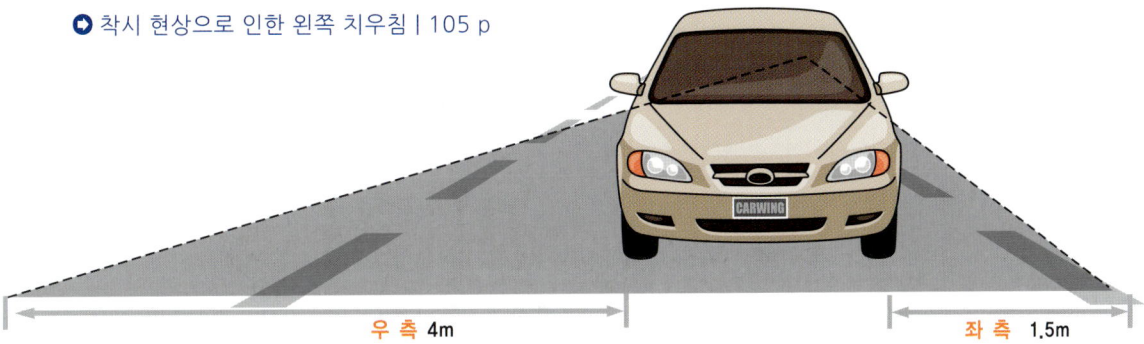

4. 좌측 프레임(A필러) 사각지대

유리창 좌측 프레임 때문에 왼쪽 시야가 약간 가려지게 됩니다. 좌회전할 때나 교차로에서 직진하면서 좌측 차를 살펴야 할 때, 이 지역도 주의하세요.

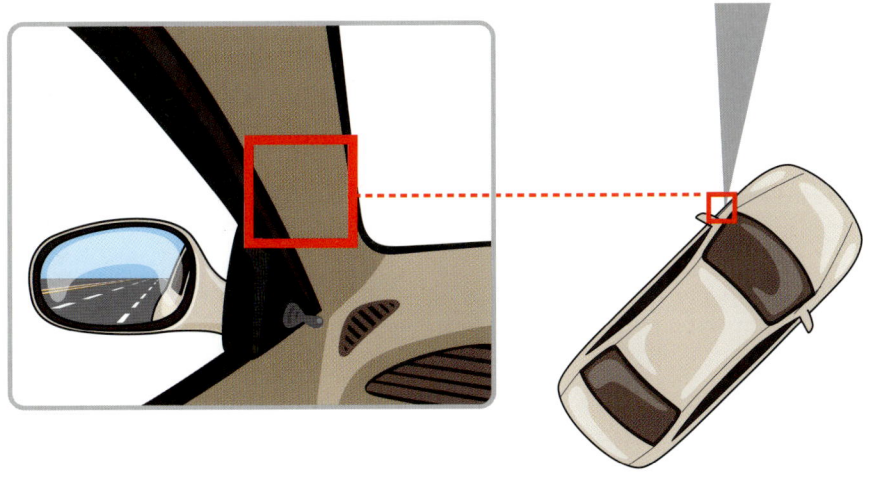

02 핸들 조작

핸들 조작은 굳이 설명이 필요하지 않다고 생각할 수도 있지만, 사실 그리 만만한 것만은 아닙니다. 평상시에는 손이 핸들로부터 떨어져서 움직일 필요 없이 잡은 그대로 살짝 돌려주기만 해도 되기 때문에 큰 문제는 없습니다. 그러나 핸들을 많이 돌려야 하는 커브에서는 상황이 달라집니다. 이때에도 양손을 고정시켜 핸들을 돌리다가는 꽈배기처럼 팔이 꼬여서 위험해집니다. 좌회전을 기준으로 팔이 꼬이지 않으면서 커브 길에서 핸들을 돌릴 수 있는 두 가지 방법을 설명해 보겠습니다.

조작법1. 논크로스 방법 ➜ 방향 전환이 크지 않을 때

논크로스 방법은 방향 전환이 크지 않을 때 사용하기 좋으며 가장 기본적인 핸들 방법입니다. 이 방법이 우선 능숙해져야 숙련된 운전자처럼 방법에 구애되지 않고 팔과 핸들이 한 몸이 된 것처럼 자연스러운 조작이 가능해진답니다. 그런데 핸들을 넘겨주는 정도가 작으면 손이 분주해지고 회전이 부자연스러워지게 됩니다. 그러면 원하는 코스를 벗어나 위험해질 수도 있습니다. 핸들을 돌릴 때는 손으로 핸들을 넘겨주는 정도를 가급적 크게 해주세요!

  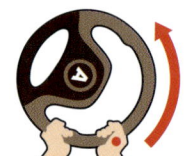 

1 오른손으로 핸들을 위로 돌려주고 왼손도 슬슬 미끄러뜨려 위로 올려준다.

2 왼손으로 핸들을 넘겨받아서 아래로 내려주고 오른손도 슬슬 미끄러뜨려 아래로 내린다.

3 오른손으로 핸들을 넘겨받아서 위로 올려주고 왼손 슬슬 미끄러뜨려 올려준다.

4 다시 왼손으로 핸들을 받아서 내려주기를 반복한다.

조작법2. 줄다리기 방법 → 방향 전환이 클 때

줄다리기 방법은 핸들을 줄다리기하듯이 몸쪽으로 잡아당기는 방법입니다. 이 방법은 연속해서 한쪽으로 핸들을 돌릴 때 쓰기 좋기 때문에 일상 주행보다는 유턴과 같은 큰 커브를 돌 때나 주차하면서 정지 상태로 방향을 돌려줄 때 주로 사용합니다.

1 왼손을 슬슬 미끄러뜨리면서 핸들의 11시 방향을 잡는다.

2 왼손으로 핸들을 잡아서 아래로 끌어 당긴다.

3 왼손이 핸들 아래로 내려오면 오른손으로 핸들의 11시 방향을 잡고 다시 아래로 끌어당긴다.

4 다시 왼손으로 핸들의 11시 방향을 잡아서 아래로 끌어 당기는 것을 반복한다.

팔에서 힘을 빼세요~

초보운전자는 너무 긴장해서 팔씨름하듯 팔에 힘을 주는 경우가 많습니다. 팔에 힘이 들어가면 급한 핸들 조작이 발생하고 차체가 불안정해져서 위험합니다. 미숙련자일수록 사고의 가능성이 더욱 높아지는 이유 중 하나가 바로 그 때문이죠. 팔에서는 힘을 빼고 핸들은 계란을 잡는다고 생각하면서 부드럽게 잡아주세요!

바퀴의 방향 바로잡기

장시간 정차했다가 출발한다거나 후진할 때, 바퀴의 방향이 어느 쪽인지 몰라서 당황하는 경우가 있습니다. 그때마다 어느 정도 전진하거나 차에서 내려 바퀴를 직접 확인해야 한다면 참 번거로운 일이 아닐 수 없습니다. 이럴 때 차 안에서 바퀴를 중앙으로 맞추려면 어떻게 해야 할까요? 아래의 표를 보면 알 수 있듯이 보통 차량 핸들은 왼쪽 끝에서 오른쪽 끝까지 총 3바퀴 돌아갑니다. 따라서 바퀴를 중앙으로 맞추려면 맨 끝에서부터 반대쪽으로 1.5 바퀴 돌려주면 됩니다. 다시 말해 바퀴를 차체와 나란히 하고 싶다면 핸들을 왼쪽이나 오른쪽 끝으로 모두 돌린 다음에 다시 그 반대쪽으로 1.5 바퀴를 돌려주면 되는 것입니다.

핸들 조정에 따른 바퀴의 위치

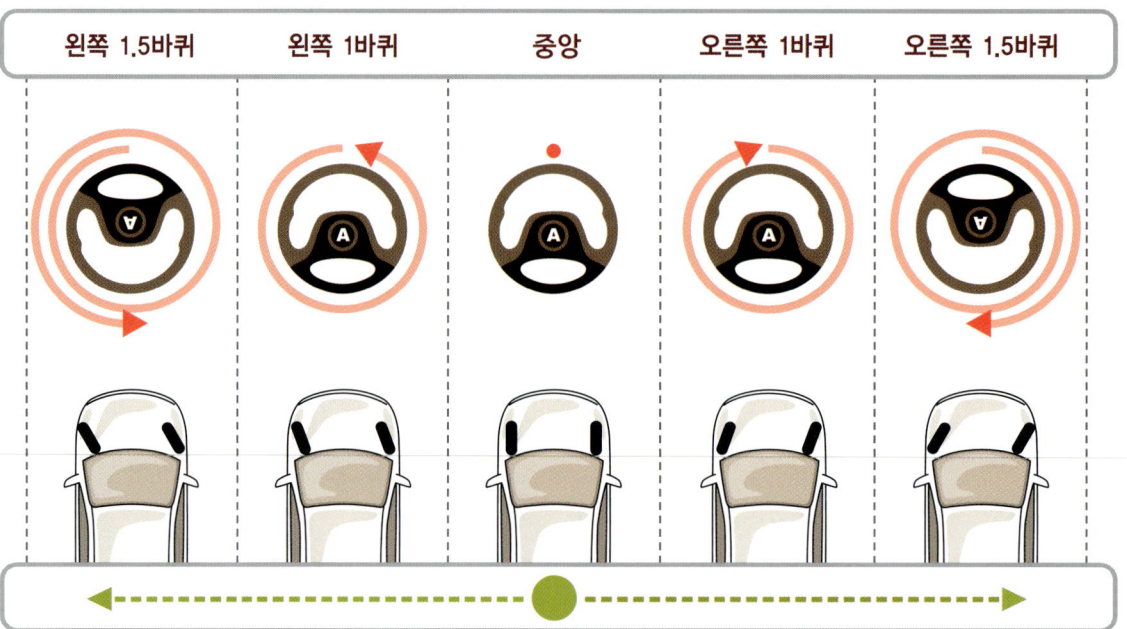

위에서 보는 바와 같이 바퀴가 중앙일 경우, 핸들 메이커 로고(A)가 똑바로 서게 되는 것을 알 수 있습니다. 하지만 왼쪽이나 오른쪽으로 한 바퀴씩 돌아갔을 때도 같은 모습이 되기 때문에 핸들의 로고만 보고서 바퀴가 항상 중앙이라고 착각하지 않도록 주의하세요.

03 ● 페달 조작

자동변속기의 페달은 브레이크와 액셀 두 가지로 구성되어 있고 수동변속기의 페달은 클러치, 브레이크, 액셀 세 가지로 구성되어 있습니다. 브레이크와 액셀은 오른발로 번갈아 가면서 조작해야 하므로 초보자들이 많이 헷갈리는 부분입니다.

특히, 발을 헛디디면서 페달을 놓친다거나 다른 페달을 밟는 실수를 많이 하게 되죠. 이런 실수는 사고로 이어질 가능성이 큰데, 이를 막기 위해서는 오른발 뒤꿈치를 컴퍼스처럼 브레이크와 액셀 사이에 고정한다 생각하고 발끝을 왼쪽 오른쪽으로 들어 옮기면서 페달을 밟아주어야 합니다.

브레이크는 지그시 한 번만 밟아도 되지만, 2~3회 나누어 밟아주는 것도 좋습니다. 왜 그럴까요? 부드럽게 정차하려는 이유도 있지만, 브레이크를 미리 준비하여 위험에 대비하는 습관이 생기기 때문입니다. 브레이크를 나누어 밟는다면 안전거리를 여유롭게 두는 버릇이 생기고 바퀴가 잠기는 현상을 조금이라도 방지하여 미끄러짐을 줄일 수 있답니다. 또한, 뒤따라오는 차에 브레이크등으로 제동 상황을 미리 알려서 후방 추돌을 예방하는 효과도 얻을 수 있습니다.

브레이크의 작동 원리

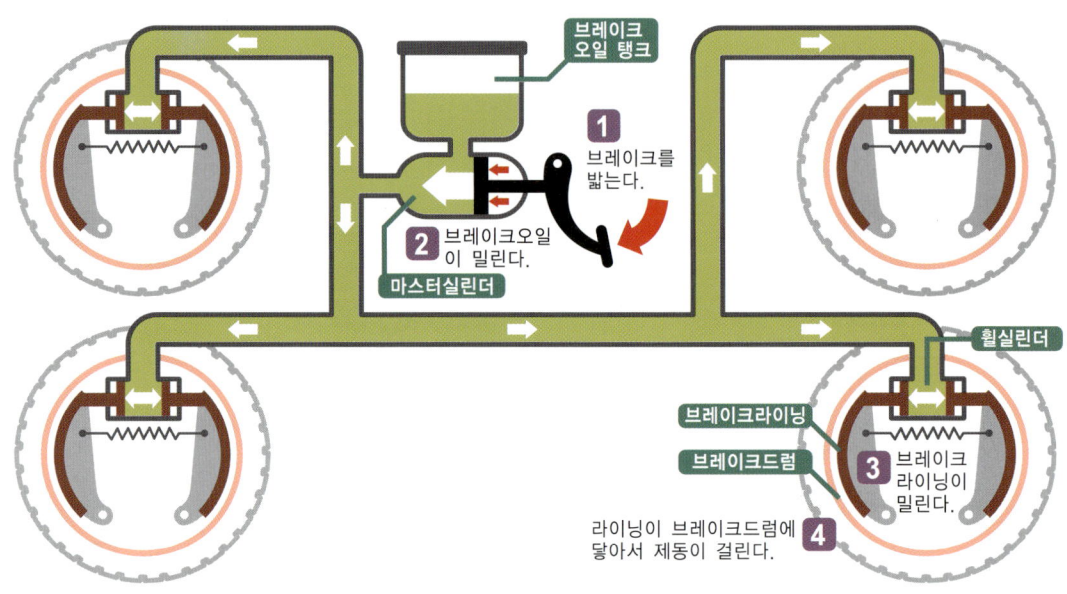

브레이크 페달을 밟으면 그 힘이 브레이크오일에 전달되고 오일 파이프를 통해 전달된 압력이 네 바퀴에 일정하게 가해져서 제동이 걸리게 됩니다. 그런데 브레이크오일 파이프의 어딘가에서 오일이 새서, 오일양이 현저히 줄게 되면, 브레이크라이닝에 전달되는 압력이 떨어지게 되고 브레이크를 밟아도 제동이 잘 걸리지 않게 됩니다. 이렇게 되면 센서에 의해서 운전자가 알 수 있도록 계기판에 브레이크 경고등이 켜진답니다.

알아두세요! 속도에 따른 정지거리

보통 운전자들은 차를 멈출 때 제동거리를 정지거리로 착각을 합니다. 하지만 차를 멈추는 데 필요한 총정지거리는 제동거리 외에도 위험을 발견하고부터 브레이크를 밟기 전까지 걸리는 공주거리도 포함 시켜야 합니다.

공주거리 운전자가 위험을 인지하고부터 브레이크가 듣기 시작하기까지 제동되지 않고 주행한 거리
반응시간 운전자가 위험을 인지하고 브레이크가 듣기 시작하기까지 걸리는 시간(보통 1초)
제동거리 브레이크가 듣기 시작하여 차가 정지하기까지의 거리
정지거리 공주거리 + 제동거리 : 실제로 멈추기 위해 필요한 거리

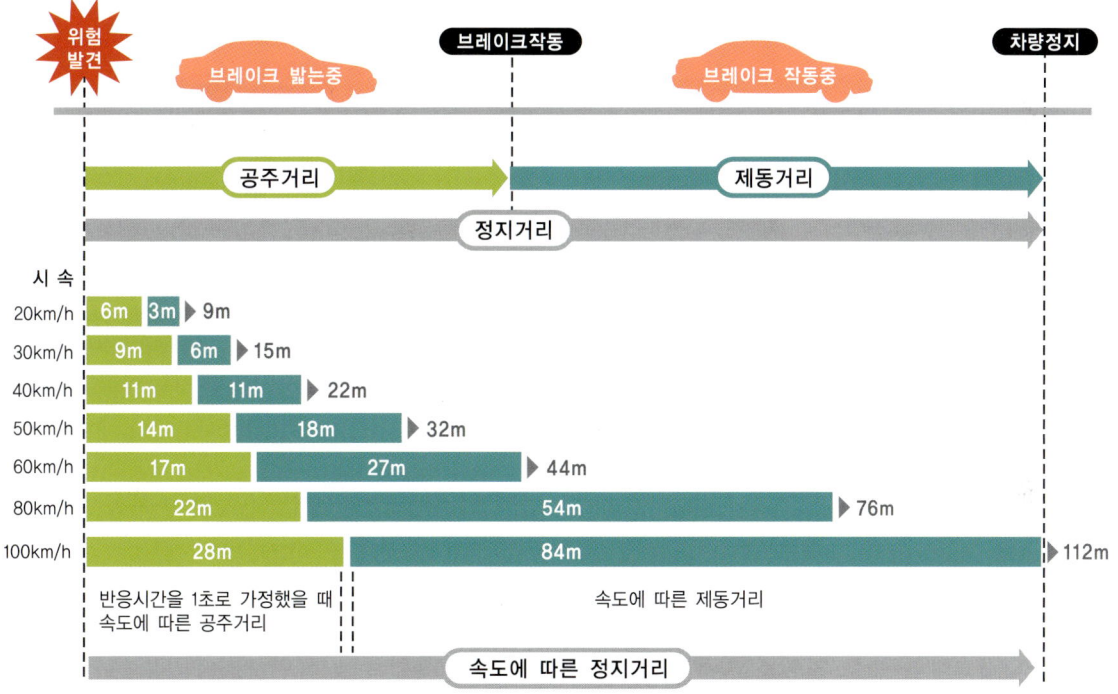

정지거리를 줄이려면 어떻게 해야 할까요?

첫째, 운전자가 위험을 발견한 후, 최대한 빨리 브레이크를 밟아서, 반응시간과 공주거리를 줄여야 합니다. 이것은 브레이크를 밟기까지의 시간을 줄이라는 것이지 급브레이크를 의미하는 것은 아닙니다. 둘째, 도로 사정에 맞게 브레이크를 잘 밟아서 제동거리를 줄여줘야 합니다. 예를 들어 빙판길에서는 엔진브레이크를 사용하는 것이 좋으며, 한 번에 꾹 밟는 것보다 나누어서 밟는 것이 더 제동력이 좋을 수 있습니다. 특히 초보운전자는 반응시간이 늦거나 도로 사정에 맞게 제동하지 못해서 결국 정지거리가 길어지고 사고를 당하는 경우가 많으니 주의하시기를 바랍니다.

운전의 첫걸음

액셀은 가속장치로서 연소실에 공급되는 연료와 공기량을 증감시켜 엔진의 회전수를 조절해 주는 역할을 합니다. 액셀을 밟으면 엔진의 회전수가 높아지고, 그러면 차량 속도가 빨라지게 됩니다. 반대로 액셀에서 발을 떼면 속도는 점차 줄게 됩니다. 액셀의 가속에 따른 엔진의 회전수와 차량의 속도는 계기판의 타코미터와 속도계로 알 수 있습니다.

액셀 감각 익히기

액셀을 가볍게 밟을 경우 부드럽게 속도가 조절되어 경제적인 운전이 가능합니다.

액셀을 살짝 밟은 상태로 유지할 경우 일정한 속도로 주행할 수 있습니다.

액셀을 강하게 밟을 경우 빠르게 가속력을 얻기 위해 일시적으로 기어가 낮게 내려갔다가(킥다운) 다시 높은 기어로 자동 변속됩니다. 이렇게 급가속을 하면 가속의 정도는 빠르지만, 연료 낭비가 커집니다.

> **CHECK**
>
> **킥다운** | 급가속을 시킬 때 일시적으로 기어가 낮아지면서 속도가 감소하는 현상

수동변속기 차량에서 클러치는 엔진에서 발생한 회전 동력을 차단하거나 전달하는 역할을 합니다. 클러치 페달을 밟으면 2개의 원판이 떨어지면서 바퀴로 가는 엔진 동력이 차단되고, 페달에서 발을 떼면 원판이 붙으면서 동력이 다시 전달됩니다. 클러치를 밟을 때는 빠르게 끝까지 밟고, 뗄 때는 천천히 부드럽게 떼야 합니다.

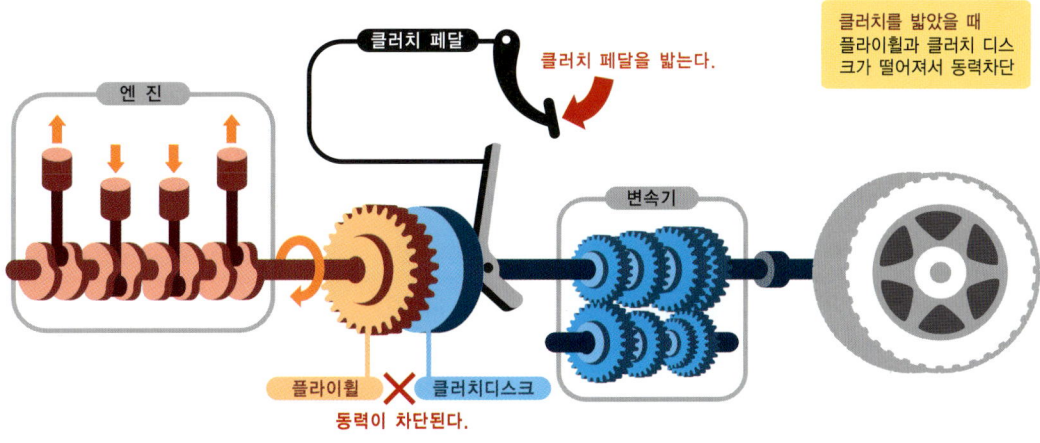

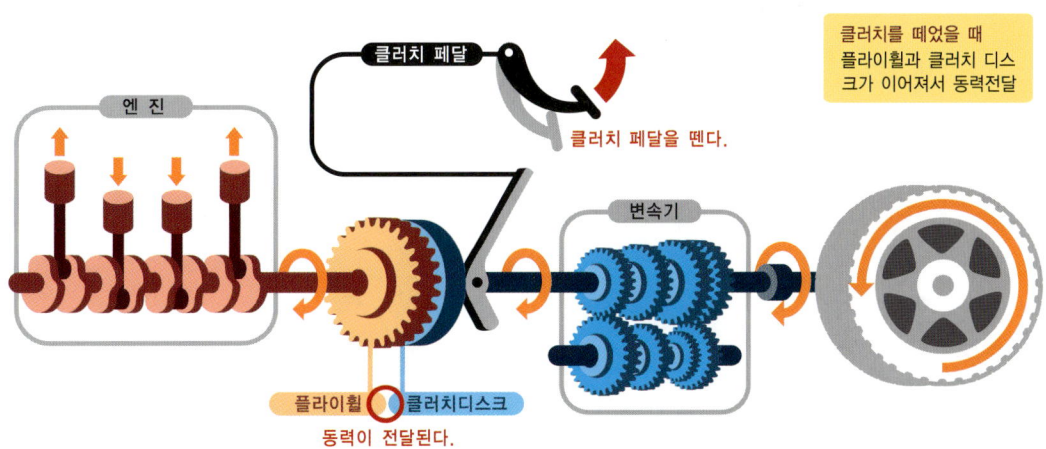

 ## 주차브레이크

주차브레이크는 정차하거나 주차할 때 바퀴가 움직이지 않도록 잡아줍니다. 차량에 따라 핸드브레이크, 페달식 브레이크, 전자 버튼식 브레이크와 같이 명칭이나 모양과 설치 위치가 다양하기 때문에 출발 전 확인해 주어야 합니다.

평지에서 자동변속기 차량은 주차브레이크를 채우지 않고 기어를 파킹(P)에 놓아주기만 해도 괜찮습니다. 하지만 언덕길에 주차할 때는 주차브레이크를 먼저 채우고 기어를 파킹에 놓아야 합니다. 언덕길에서 주차브레이크를 채우지 않으면 변속기에 무리가 가서 고장의 원인이 될 수도 있답니다.

핸드브레이크 형태는 **주차 이외의 용도**로 사용할 수도 있습니다. 신호 대기나 잠시 정차할 때 핸드브레이크를 올려주면 브레이크를 밟지 않아도 되기 때문에 발의 부담을 덜 수 있습니다. 또한, 뒷바퀴의 브레이크라이닝 점검 시기를 판별할 때도 활용할 수 있습니다. 핸드브레이크를 올려주면 "따다닥"하는 소리가 납니다. 이 소리는 핸드브레이크 손잡이에 연결된 갈고리가 래치라는 톱니를 긁으면서 나는 소리인데, 보통 소형차는 6~8회, 중·대형차는 8~10회 정도 나는 것이 정상입니다. 만약 브레이크라이닝이 정상치보다 많이 닳았다면

그만큼 핸드브레이크를 더 올려줘야 브레이크가 작동되기 때문에 톱니 소리도 많아지게 됩니다. 이 톱니 소리가 정상치보다 늘어나는 것을 듣고 뒷바퀴의 브레이크라이닝 점검 시기를 짐작할 수 있는 것입니다. 수동변속기 차량의 경우는 언덕길에서 출발할 때 차가 뒤로 리지 않게 하기 위해 핸드브레이크를 사용할 수도 있습니다.

주차브레이크를 채우지 말아야 할 때도 있습니다. 평지에서 이중 주차를 했다면, 먼저 주차한 운전자가 내 차를 어서 곧바로 빠져나갈 수 있도록 기어를 중립에 놓고 주차브레이크를 채우지 않는 것이 예의입니다.'

주차했던 차를 출발시킬 때는 반드시 주차브레이크를 내려 줘야 한다는 거 잊지 마세요! 초보운전 시절에는 누구나 한 번쯤 주차브레이크를 내리는 걸 깜박하고 주행해 본 경험이 있을 겁니다. 그럴 때 수동변속기 차량은 시동이 잘 꺼져서 눈치채기가 쉽지만, 자동변속기 차량은 차에 아무런 징후가 없기 때문에 장시간을 그대로 주행하는 경우가 많습니다. 그러다가 브레이크가 과열되면서 고무 타는 냄새가 진동하면 그때야 '아차~!' 하며 주차브레이크를 내려주게 되죠.

실제로 이런 실수를 한 후 차에 이상은 없을지 걱정스럽게 질문하는 사람이 많았습니다. 짧은 시간이었다면 큰 문제는 없겠지만 장시간 그랬다면 브레이크오일이 새지는 않는지 그리고 브레이크라이닝은 이상이 없는지 점검받아 보는 것이 좋습니다. 이런 실수를 줄이려면 계기판의 브레이크 경고등을 확인하는 습관을 기르세요. 다행해 요즘 차량은 경고등과 함께 경고음도 울려줘서 그런 실수를 미연에 예방해 주고 있습니다.

CHECK 주차브레이크를 채운 채 운행하면 켜지는 경고등은? | 브레이크 경고등

알아두세요! 엔진브레이크 VS 탄력주행

간혹 엔진브레이크나 탄력주행이란 말을 들어 본 적이 있을 것입니다. 하지만 경력이 오래된 운전자도 정확히 어떤 것이고 왜 사용해야 하는지 모를뿐더러 혼동하는 일이 많습니다. 엔진브레이크와 탄력주행은 비슷하게 생겼지만, 성격은 무척 다른데 말이죠! 잘못된 상식으로 계속 운전을 하다가는 자칫 사고 위험에 빠질 수도 있으니, 정확하게 구분하고 사용하시기를 바랍니다. 단, 자동변속기 운전자의 경우에는 탄력주행을 거의 하지 않기 때문에 엔진브레이크만 참고해도 됩니다.

엔진브레이크

주행 중 액셀에서 발을 떼면 속도가 점차 감소하는 걸 느껴보신 적 있지요? 이렇듯 **액셀에서 발을 떼면 브레이크를 밟은 것처럼 속도가 점차 줄어드는**데, 이러한 **현상**을 엔진브레이크라고 합니다. 엔진의 힘으로 브레이크 효과를 얻는다는 의미이죠.

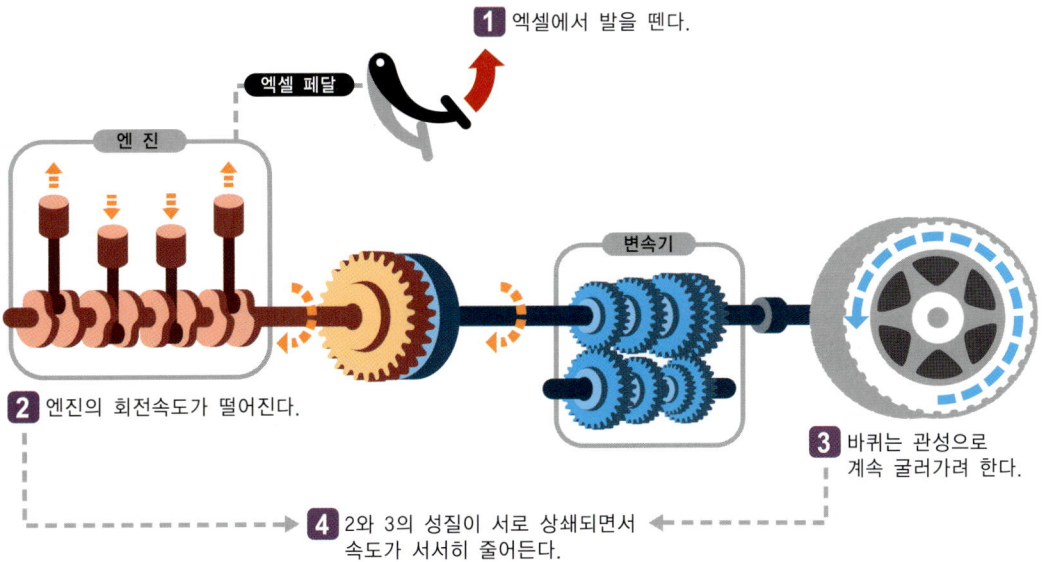

엔진브레이크는 고단보다는 저단 기어에서 제동 효과가 큽니다. 즉, 자동변속기 차량은 D(주행)에서는 효과가 약하지만 1단에서는 제동 효과가 크고, 수동변속기 차량은 5단에서는 약하지만 1단에서는 제동 효과가 크다는 것이죠. 그 때문에 기어가 고단에 있을 때는 엔진브레이크라기보다는 탄력주행처럼 관성으로 미끄러지는 듯한 느낌을 받게 됩니다. 특히 자동변속기는 감속 효과가 거의 없어서 더욱더 그렇습니다. 엔진브레이크는 다음과 같은 때 사용할 수 있습니다.

(1) 얼마 못 가서 멈춰야 할 때

전방에 빨간 신호등이 들어왔을 때처럼 얼마 못 가서 멈춰야 한다면, 곧바로 브레이크를 밟지 말고 미리미리 액셀에서 발을 떼서(엔진브레이크) 서서히 속도를 줄여준 후, 브레이크를 밟아줍니다. 기어는 주행 상태의 기어를 그대로 유지하거나 한단 내려주면 됩니다. 이때의 엔진브레이크는 관성에 의해 미끄러지는 탄력주행과 거의 흡사하게 느껴집니다.

(2) 언덕길에서 내려올 때

긴 내리막길을 내려갈 때 낮은 기어로 엔진브레이크를 사용하지 않으면 가속도가 붙어서 계속 브레이크 페달을 밟아야 합니다. 그러면 결국 브레이크 계통이 뜨거워져서 베이퍼록이나 페이드 현상이 발생하여 제

동력이 떨어지게 되고 자칫 대형 사고를 당할 수도 있답니다. 버스나 트럭 같은 대형차가 이 현상 때문에 사고를 당했다는 뉴스가 몇 번 나오기도 했었습니다. 긴 내리막길에서는 기어를 낮춰서 엔진브레이크를 사용하고 필요할 때만 브레이크를 밟아주세요!

(3) 빙판길, 눈길에서 정지할 때

노면이 미끄러운 곳에서 곧바로 브레이크를 급하게 밟을 경우, 바퀴가 미끄러져서 제동이 잘 안될 뿐만 아니라 차체가 회전할 수도 있어서 매우 위험합니다. 이런 식으로 겨울철 사고가 자주 발생한답니다. 이런 상황에서 수

동변속기 차량은 기어를 단계적으로 낮추면서 엔진브레이크를 사용하면 위험을 줄일 수 있습니다. 만약, 단계를 거치지 않고 고단에서 바로 저단 기어로 넣으면 급제동을 건 것처럼 갑자기 속도가 줄어서 오히려 위험해질 수도 있습니다. 강한 엔진브레이크가 필요하다 하더라도 두세 단계를 거치면서 기어를 내려주시기를 바랍니다.

CHECK

베이퍼록 | 브레이크를 너무 장시간 사용하게 되면 브레이크 계통이 뜨거워지고 그 열이 브레이크오일에 전달되어 브레이크오일 내에 거품이 발생하게 됩니다. 이런 상태가 되면 브레이크 페달을 밟더라도 압력이 제대로 전달되지 않아 브레이크가 잘 듣지 않는데 이런 현상을 베이퍼록이라고 합니다.

페이드 | 브레이크를 너무 많이 사용하게 되면 브레이크 패드와 드럼의 과열로 마찰력이 떨어져서 결국 제동력이 줄어드는 현상입니다.

베이퍼록과 페이드 현상을 줄이기 위해서는 긴 내리막길을 내려갈 때 엔진 브레이크를 사용하고, 필요할 때만 브레이크를 밟는 습관을 기르도록 해야 합니다.

탄력주행 | 수동변속기

기어를 중립에 놓거나 클러치를 밟으면 바퀴로 전달되는 엔진 동력이 차단됩니다. 그런데도 바퀴는 관성에 의해 굴러가게 되죠. 이렇게 엔진의 힘과는 무관하게 관성으로 바퀴가 굴러가게 하는 것을 탄력주행(=타력주행)이라고 말합니다. 자전거 페달을 몇 번 구르면 어느 정도는 관성에 의해서 힘들이지 않고도 갈 수 있는 것과 같은 이치죠. 자동변속기 차량은 기어를 중립(N)에 넣고 탄력주행하면 불편할 뿐 아니라 미션에 좋지도 않기 때문에 잘 사용하지 않지만, 수동변속기 차량에서는 시동이 꺼질 우려가 없어서 운전하기 편하고 연료도 절약할 수 있다는 생각에 많이 사용되고 있습니다. 심지어 탄력주행이 엔진브레이크보다 좋은 운전 방법이라고 잘못 알고 있는 경우도 허다합니다. 그러나 자동차 전문가들은 탄력주행보다는 엔진브레이크를 사용하도록 추천하고 있답니다. 왜 그럴까요? 탄력주행을 하다가 계속 브레이크를 밟으면 제동력이 떨어질 수 있어서 위험하기 때문입니다. 도로 주행 시험에서 제동을 걸 때 브레이크보다 클러치를 먼저 밟는 탄력주행은 감점 처리되는 규정이 있는데 바로 이러한 이유 때문입니다. 그뿐만 아니라, 엔진브레이크를 사용하면 약 1,500rpm 이상에서는 연료공급이 차단되는 효과(fuel cut-off)가 있기 때문에 연료 절약 측면에서도 탄력주행을 고집할 필요가 없습니다. 그럼, 탄력주행은 언제 사용해야 할까요? 기어를 변경하거나, 속도가 떨어져서 시동이 꺼지려고 할 때는 잠깐이지만 반드시 탄력주행을 해야 합니다. 또 기어 변경이 너무 번거롭거나 안전상 무리가 없다면 탄력주행을 해도 됩니다. 하지만 그 외에는 가급적 사용하지 않는 것이 바람직합니다.

엔진브레이크 VS 탄력주행

	엔진브레이크	탄력주행
작동 방법	액셀을 밟았다가 발을 떼면 브레이크를 밟은 것처럼 조금씩 속도가 줄어든다.	주행 중에 클러치를 밟으면 바퀴의 관성으로 얼마간 주행을 하게 된다.
효과	엔진 동력이 전달되므로 차는 멈추지 않는다. 제동력이 유지된다(안전성 O). 연료를 절약할 수 있다(연료 절약 O).	엔진 동력이 차단되므로 결국 차는 멈추게 된다. 제동력이 떨어질 수 있다(안전성 X). 연료를 절약할 수 있다(연료 절약 O).
사용 시기	평지에서 신호 대기 등의 정지를 준비할 때 내리막길에서 낮은 속도로 내려오고자 할 때 빙판길 눈길에서 미끄러지지 않고 안전하게 정지하려고 할 때	기어를 변속할 때(클러치를 밟아야 기어가 변속됨) 속도가 떨어져서 시동이 꺼지려고 할 때 기어 변속이 번거롭다고 생각할 때 (단, 제동력에 큰 문제가 없을 경우에 한해서)

1 클러치 페달에 의한 동력차단

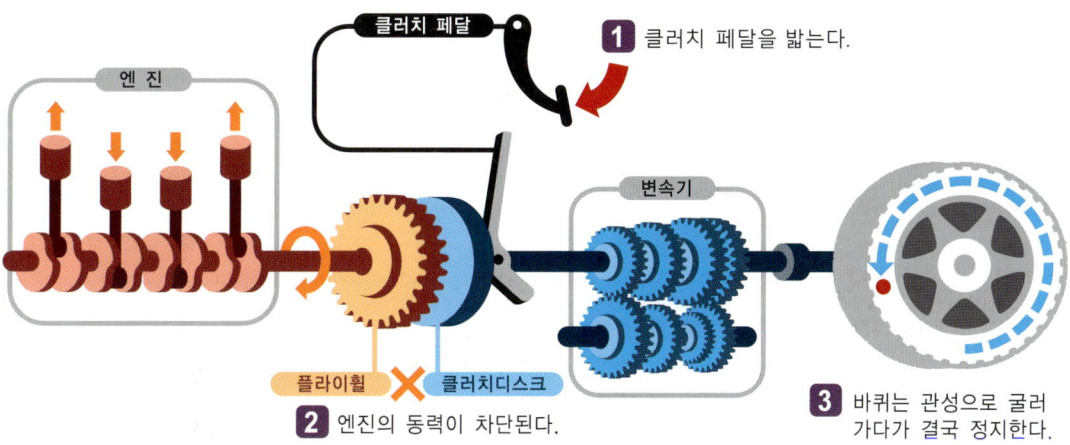

2 기어중립에 의한 동력차단

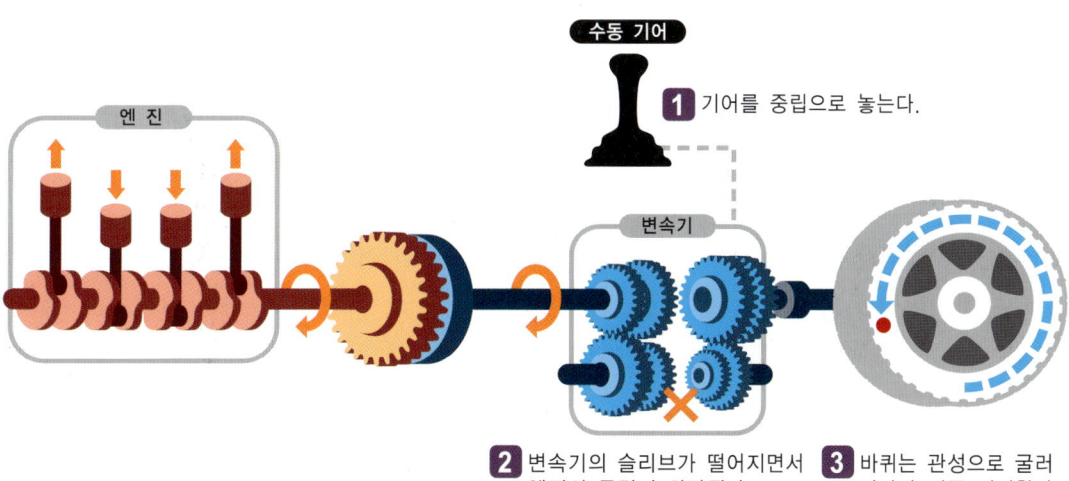

Lesson 2 운전 시작하기

YOU CAN FLY!

 ● 변속레버의 위치와 조작 방법

기어를 조작할 때 보통은 변속레버를 잡고 움직여 주기만 해도 되지만, 특별한 주의가 필요한 구간은 버튼을 누르거나 브레이크를 밟아야만 변속레버가 움직이도록 설계가 되어있습니다.

이것을 일일이 구분하기 귀찮다는 이유로 항상 버튼을 누르고 변속레버를 움직이는 운전자들도 있습니다. 하지만 그러다가 실수로 한 번에 2칸의 기어가 넘어가면 위험에 빠질 수도 있답니다.

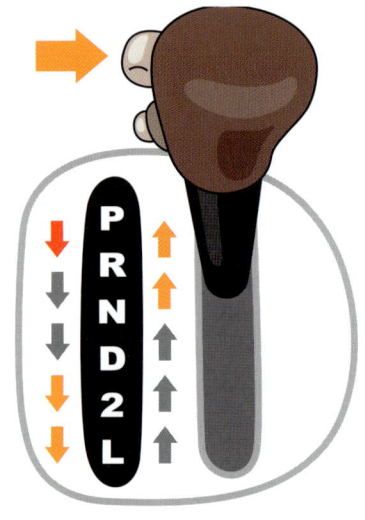

▼ 브레이크를 밟고 버튼을 누른 상태로 조작
▼ 버튼을 누르지않고 조작
▼ 버튼을 누른 상태로 조작

예를 들어 D(주행)에서 N(중립)으로 한 칸 이동시킬 때는 버튼을 누르지 않아야 기어가 N을 넘어서 R로 넘어가지 않게 됩니다. 그런데 버튼을 항상 누른 채로 기어를 변경한다면 자기도 모르게 R(후진)까지 2칸이나 넘어갈 수도 있겠죠? 이렇게 되면 차가 갑자기 후진하게 되고 뜻밖의 사고를 당할 수도 있을 것입니다. 특히 P(주차)에서 다른 위치로 이동시킬 때는 급발진 사고를 막기 위해서 브레이크를 밟고 버튼을 눌러야지만 변속레버가 작동됩니다. 버튼을 눌러야 하는 구간과 그렇지 않은 구간을 구분하고 변속레버를 조작할 때는 한 단계, 한 단계 넘어가는 것을 느낌으로 확인하는 습관을 길러주세요!

운전하면서 자주 쓰는 위치가 P, R, D이기 때문에 딱 그 세 가지만 아는 초보자가 많은데, 운전자라면 각 위치에 따라 어떤 기능이 있는지 정도는 기본으로 알고 있어야겠습니다.

P • 주차 주차할 때 사용하며, 시동을 걸 때도 P에 위치시켜야 합니다.

R • 후진 후진할 때 사용합니다. 반드시 전진하던 바퀴가 정지한 후에 후진기어를 넣어주세요!

N • 중립 신호대기할 때나 이중주차할 때 사용합니다. 엔진동력이 차단됩니다.

D • 주행 일상 주행할 때 사용합니다. 속도에 따라 1단에서 4단까지 자동으로 변속됩니다.

2 • 2단 오르막길을 오르거나 엔진브레이크가 필요할 때 사용합니다. 1단에서 2단까지 자동으로 변속됩니다.
2 = S

L • 1단 가파른 오르막길을 오르거나 강한 엔진브레이크가 필요할 때 사용합니다. 기어는 1단에 고정됩니다.
L = 1

02 · 출발하기

1 기어를 P에 두고 시동을 켠다.

2 브레이크를 밟고 기어를 D에 넣는다.

3 핸드브레이크를 내리고 브레이크를 떼면서 출발한다.

준비됐으면 이제 출발해 볼까요? 먼저 주위의 안전을 확인한 후 시동을 켭니다. 만약 시동이 켜지지 않는다면 기어가 파킹(P)에 위치하고 있는지 확인해 보세요. 시동은 P, N에서만 켜집니다. 초보자는 키를 돌려서 시동이 켜졌는데도 계속 키를 돌리는 경우가 있는데 그러면 시동모터가 고장 날 수 있으므로 경쾌하게 시동이 걸리면 바로 키를 놓아줘야 합니다. 시동이 켜졌다면 타코미터의 수치가 약 0.8 정도를 가리키고 반대로 시동이 꺼졌다면 수치가 0을 가리키게 됩니다. 운전자는 엔진 시동 여부를 타코미터로 확인할 수 있습니다.

다음으로 기어를 D에 넣어줍니다. 이때 기어가 움직이지 않는다면 브레이크를 밟고 변속 버튼을 누른 후에 기어를 움직여 보세요. 출발할 때 P(주차)에서 다른 위치로 변속하다가 생기는 급발진이나 운전자의 오동작을 막기 위해서 브레이크를 밟아야만 변속할 수 있도록 설계되어 있답니다. 기어를 D(운전)에 넣었다면 핸드브레이크를 내려주고 서서히 브레이크를 떼세요. 그러면 차가 조금씩 앞으로 나갈 겁니다. 이처럼 액셀을 밟지 않아도 차가 천천히 전진하는 것을 크립(Creep) 현상이라고 합니다. 클리핑으로 차를 천천히 전진시키다가 액셀을 서서히 밟아보세요. 차가 조금씩 속도를 내면서 곧바로 액셀을 밟는 것보다 부드럽게 출발할 겁니다. 차가 출발하면 액셀을 밟았다 떼었다 하면서 액셀 조작에 따른 속도 변화를 익히세요. 페달 조작이 자연스러워질 때까지 가속과 감속을 반복하는 연습을 하기 바랍니다.

03 정지하기

차는 달리는 것보다 멈추는 것이 더 중요합니다. 브레이크 페달이 액셀 페달보다 크게 만들어진 이유도 바로 그 때문이겠죠! 운전 중에 다른 건 몰라도 브레이크만은 절대 잊어버리지 말아야 하겠습니다. 초보운전자가 정지할 때 자주 하는 실수를 꼽으라면, 앞차는 속도를 줄이는 것뿐인데 정지하는 줄로 알고 아예 차를 세워버린다거나, 액셀에서 발을 떼면 속도가 급격히 떨어지는 줄 알고 계속 액셀을 밟고 가다가 뒤늦게 급제동을 걸어서 뒤따라오는 운전자를 놀라게 하는 것 등을 들 수 있습니다. 이런 현상은 정지를 어떻게 해야 좋은지 모르고 있기 때문에 발생합니다.

올바른 정지 방법은 즉흥적으로 브레이크를 자주 사용하는 것이 아니라, 엔진브레이크로 1차 감속을 한 후 브레이크를 2~3회 나누어 밟아서 차를 멈추는 것입니다. 엔진브레이크는 미리 서서히 감속시키기 위해 사용하고, 브레이크를 나누어 밟는 이유는 타이어가 미끄러지는 것을 막고 뒤따라오는 차에 브레이크등을 미리 노출해서 가까이 따라붙지 말라는 경고를 하려는 것입니다. 초보자는 억지로 브레이크를 나누어 밟으려다 보니 차가 말 타듯이 울컥거리는 일이 많은데, 브레이크를 나눠 밟는다는 것은 페달을 꾹! 꾹! 끊어서 밟아주라는 것이 아니라 물결이 파동치듯 부드럽게 밟아주라는 것입니다. 그러다 보면 안전거리를 확보하는 습관이 생기고 급정거하는 일도 줄일 수 있습니다.

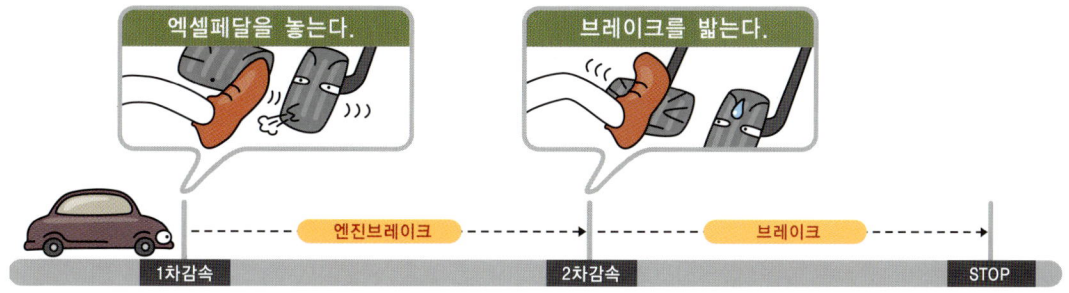

앞쪽으로 쏠리지 않게 정지하려면?

급정거하면 사람이 앞으로 튕겨갈 듯 쏠리게 되는데 이것이 이른바 '노우즈다운' 현상입니다. 초보운전자는 무조건 힘으로 브레이크를 밟기 때문에 이런 현상이 자주 발생하죠. 노우즈다운 현상을 줄여주려면 브레이크 페달을 밟아서 차가 완전히 멈추기 직전에 다시 페달을 살며시 놓아주면 됩니다. 그러면 무게 중심이 분산되어 앞으로 쏠리는 현상이 줄어든답니다.

노우즈다운 현상   노우즈다운 방지

04 언덕길 운전하기

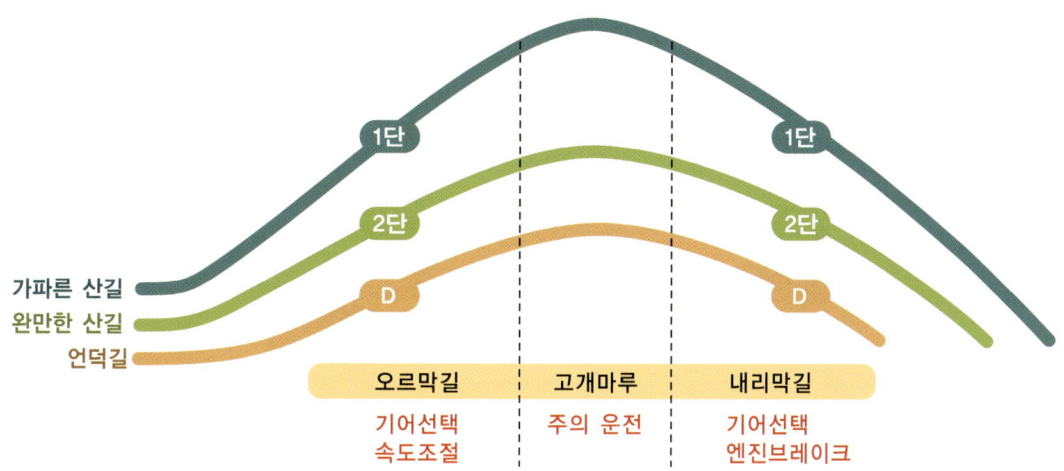

오르막길 　기어 선택 + 속도 조절

언덕길

일반적인 언덕길을 오를 때는 평상시처럼 D(주행)에 놓고 운전합니다.

산길

대관령 같은 긴 오르막길이라면 경사 정도에 따라서 낮은 기어를 선택합니다.

오르막길을 등판하는 속도는 도로 흐름과 경사 정도에 맞게 조정하되, 오르막길 진입 전에 미리 액셀을 밟아서 힘차게 올라가야 하고 등판 도중에는 속도가 떨어지기 전에 가속을 해 줘야 주행이 자연스럽고 연료도 절약할 수 있습니다.

고개 마루 + 주의 운전

오르막길이 끝나고 고개를 넘어설 때쯤에는 건너편이 잘 보이지 않기 때문에 속도를 줄여주고 안전한지 주시해야 합니다. 여기서 과속하다가 갑자기 나타난 차나 사람 때문에 놀라서 사고를당하는 일이 많답니다. 내리막길이 시작되는 데다가 노면이 얼어붙은 빙판길이라면 브레이크도 무용지물이 될 수 있으니 겨울철에는 더욱 조심하세요!

내리막길 + 기어 선택 + 엔진브레이크

언덕길

언덕길은 내려올 때도 평상시처럼 D(주행)에 놓고 운전하면 됩니다. 최근에는 브레이크의 성능도 많이 좋아졌기 때문에 작은 언덕길 정도는 굳이 낮은 기어로 변속해서 엔진브레이크를 사용하지 않아도 됩니다.

산길

긴 내리막길을 내려갈 때는 경사에 의해 계속 가속이 붙기 때문에 낮은 기어를 넣고 엔진브레이크로 서행하면서 앞차와 안전거리를 여유 있게 확보하는 것이 좋습니다. 내리막길의 경사 정도에 따라 가파르면 1단, 완만하면 2단으로 기어를 선택해야 알맞게 엔진브레이크가 걸려서 낮은 속도를 유지할 수 있습니다. 이때 내려오기 전에 충분히 속도를 줄여줘야 기어도 낮아져서 엔진브레이크가 작동됩니다. 만약 낮은 기어가 아니라 D(주행) 상태로 그냥 긴 내리막길을 내려온다면 속도가 계속 빨라지기 때문에 브레이크도 계속 밟아야 하는데, 이렇게 장시간 브레이크만을 사용하면 제동력이 떨어져서 위험해질 수 있답니다.

STEP 3 똑! 소리 나는 운전

똑! 소리 나지 않으면 이렇게 된대요~

Lesson 1 신호등 및 안내표지 보기

신호등은 분명히 면허 딸 때 공부한 것 같은데 실전에서는 왠지 생소하게 느껴질 겁니다. 녹색이면 가고 빨간색이면 멈추면 될 일이지만 여러 가지 상황이 교차하는 실전에서는 의문스러운 점이 생기기 마련입니다. 다시 한번 점검하는 마음으로 읽어보시기를 바랍니다.

차량에 주는 신호

4색등과 3색등

등화의 원리

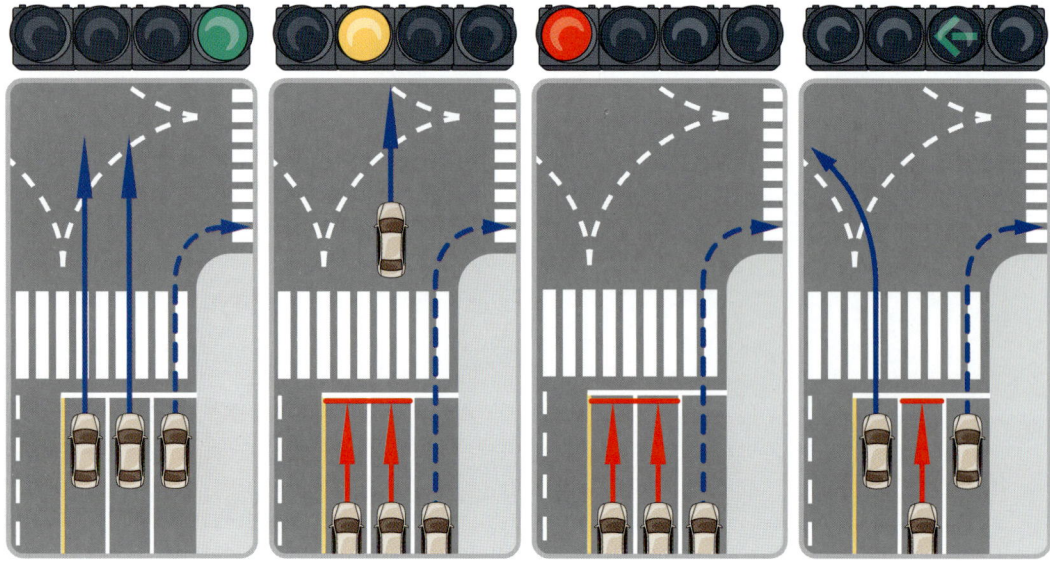

- **녹색등** | 직진, 다른 교통 방해하지 말고 우회전
- **황색등** | 정지선에 정지, 이미 교차로 진입 시에는 신속히 통과, 다른 교통을 방해하지 말고 우회전
- **녹색 좌회전 화살 표시등** | 화살표 신호 시 좌회전, 다른 교통을 방해하지 말고 우회전
- **적색등** | 정지선에 정지, 다른 교통을 방해하지 말고 우회전

경보등

사람이나 차량 통행이 적은 한적한 도로에서는 운전자가 과속하기 쉬운데 이를 막고 주의를 주기 위해서 노란 불이나 빨간 불이 깜빡거리는 경보등을 설치해 놓는답니다. 경보등이 보이면 속도를 줄여주세요!

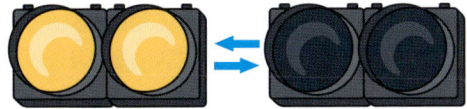
황색 점멸등 : 서행할 것
황색등이 꺼졌다 켜졌다 반복

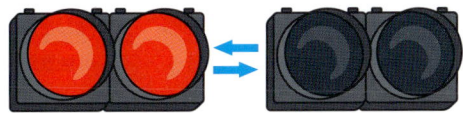
적색 점멸등 : 일시 정지할 것
적색등이 꺼졌다 켜졌다 반복

차량보조등

원칙적으로 횡단보도의 보행자등은 차량이 아니라 보행자가 보는 신호이고, 차량이 봐야 할 신호는 보행 신호등 아래에 차량 방향으로 설치되어 차량이 횡단보도를 건널지 여부를 알려주는 차량 신호등입니다(단, 차량보조등은 설치되지 않을 수도 있습니다)

등화의 의미
- **적색등** | 자동차는 횡단보도 정지선에 정지
- **황색등** | 자동차는 정지선에 정지, 이미 교차로 진입 시에는 신속히 통과
- **녹색등** | 자동차는 횡단보도를 넘어가도 됨

가변신호등

가변차로에서 통행 여부를 지시하는 신호등입니다.
자세한 설명은 '**Lesson 2 차선의 종류**'에서 하겠습니다.

02 안전표지의 종류

규제 표지 하지 마세요!

| 좌회전 금지 | 유턴 금지 | 최고 속도 제한 | 최저 속도 제한 | 앞지르기 금지 | 차높이 제한 |

지시 표지 이렇게 하세요!

| 우회전 | 유턴 | 비보호좌회전 | 우회로 | 일방통행 | 버스전용차로 |

주의 표지 조심 하세요!

| 횡단보도 | 도로공사중 | 철길건널목 | 우좌로 이중굽은 도로 | 도로폭이 좁아짐 | 과속방지턱 |

보조 표지 주표지를 보조해요~

 공휴일제외 08:00~20:00 100m앞부터

| 견인지역 | 일자 | 시간 | 거리 | 구간시작 | 해제 |

노면 표지 노면에 표기 되있죠!

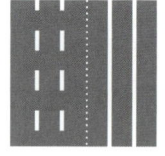    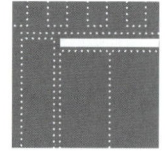

| 차선 | 진행방향 | 안전지대 | 정차금지지대 | 횡단보도예고 | 정지선 |

Lesson 2 차선

01. 차선의 종류

중앙선 | 점선 추월 가능, 실선 추월 금지

도로 중앙에 노란색으로 좌측, 우측 차선을 구분한 선을 중앙선이라고 합니다. 중앙선의 형태에 따라서 추월을 할 수도 있고, 하지 못할 수도 있는데 이를 어기다가 단속에 걸리면 중앙선 침범으로 처리됩니다. 중앙선 침범은 벌금과 벌점이 높을 뿐 아니라 대형 사고의 위험이 크므로 항상 조심하세요! **중앙선 침범** ○ 범칙금 6만 원, 벌점 30점 / 과태료 9만원

황색 점선
추월을 하기위해 중앙선을 일시적으로 넘어갈 수 있음

황색 실선
중앙선을 넘어갈 수 없음

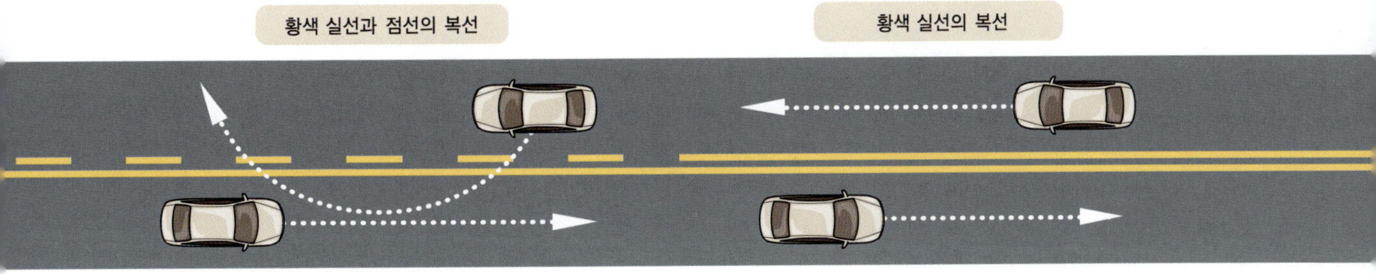

황색 실선과 점선의 복선
실선쪽에서는 중앙선을 넘어 앞차를 추월 할 수 없지만, 점선쪽에서는 추월할 수 있음

황색 실선의 복선
중앙선을 넘어갈 수 없음

가변차로 | 중앙선이 2개?

중앙선이 두 차선에 걸쳐 그어져 있는 도로도 있습니다. 처음 보는 사람은 중앙선이 왜 2개인지 의아해하기 마련이죠! 이런 차로를 가변차로라고 하는데, 교통량이 많은 쪽의 차선을 늘려서 차량 흐름을 원활히 하려고 만든 것입니다. 가변차로가 이런 좋은 취지로 만들어지긴 했습니다만 신호가 바뀐다거나 신호등 고장으로 인해 역주행하다가 사고가 일어날 수 있으니 주의하시기 바랍니다. 가변차로 2개의 황색 차선 중 가변 신호등에 의해 할당된 차로의 왼쪽 차선을 중앙선이라고 보면 됩니다.

위 그림에서는 **A 차량에 가변차로가 할당**됐기 때문에 A 차량의 왼쪽 차선이 중앙선이 되는 것이죠! **B 차량은 중앙선을 침범**했군요! 가변 신호등을 보고서야 중앙선을 침범한 것을 알고 다시 자기 차선으로 돌아갔습니다. 조금만 늦었어도 큰일 날 뻔했습니다.

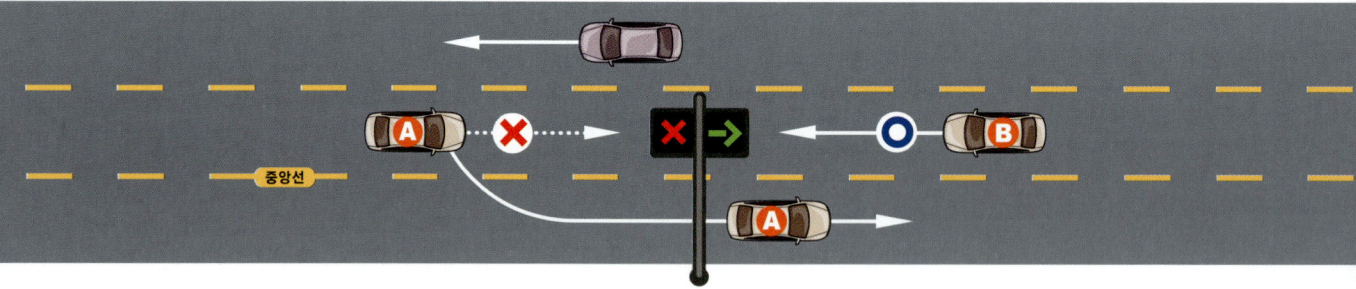

시간이 지나자, **B 차량 쪽에 가변차로가 할당**됐습니다. 중앙선은 B 차량의 왼쪽 차선이 되겠죠? 이번엔 **A 차량이 중앙선을 침범**했군요! 역시 가변 신호등을 보고서야 자기가 중앙선을 침범한 것을 알고 다시 자기 차선으로 돌아갔습니다. 실제 도로상에는 가변 신호등이 촘촘히 설치돼 있기 때문에 신호를 못 봐서 역주행할 일은 거의 없습니다.

백색 차선

백색 차선도 형태에 따라서 차선 변경의 가능 여부가 달라지는데, 이를 어기다가 적발되면 차선변경금지 위반으로 처리됩니다. 단속을 잘 하지 않기 때문에 관행상 금지 구간에서도 차선변경을 하는 차들이 많습니다. 하지만 교차로 부근에서는 간혹 단속하는 경우도 있으니 주의해야 하겠습니다.

차선변경금지 위반 ◎ 범칙금 3만 원, 벌점 10점 / 과태료 4만원

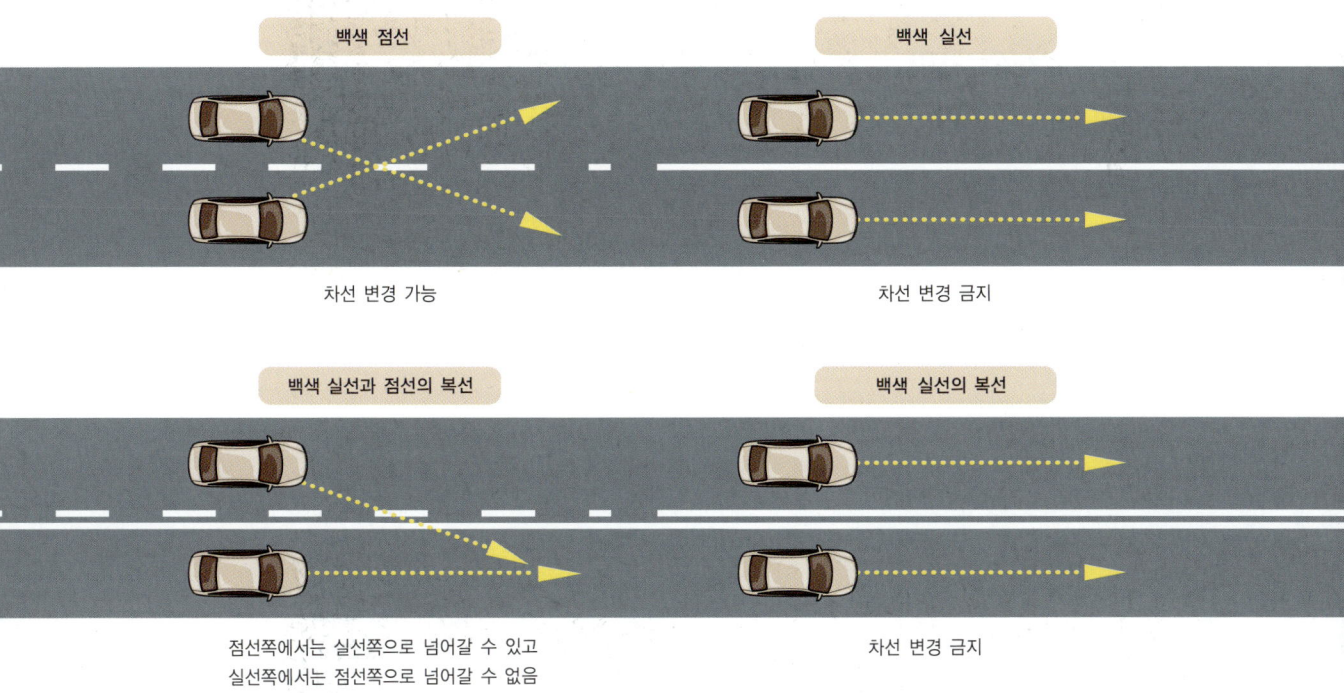

청색 버스 차선

버스전용차선제는 승용차 이용을 억제하고 대중교통을 활성화하기 위해 버스만 통행하도록 한 제도입니다. 버스전용차선의 색깔은 파란색인데, 초보운전자들이 특히 주의해야 할 지역입니다. 운전에 정신이 뺏긴 나머지 멋모르고 버스전용차선을 달릴 수도 있으니까요. 버스전용차선은 감시 카메라가 지키고 있어서 잠깐 실수로 달렸다가도 단속에 걸릴 수도 있으니 주의하기 바랍니다.

점선과 실선의 차이

버스전용차선이 점선이면 승용차 등 일반 차량도 일시적으로 진출, 진입할 수 있습니다. 주로 우회전을 해야 한다거나 주유소나 건물에 진입해야 할 때처럼 어쩔 수 없이 버스전용차선을 사용해야 하는 곳은 차선이 점선으로 돼 있습니다.

- **점선** : 승용차 등 일반 차량이 진출이나 진입할 수 있습니다.
- **실선** : 승용차 등 일반 차량이 달릴 수 없습니다.

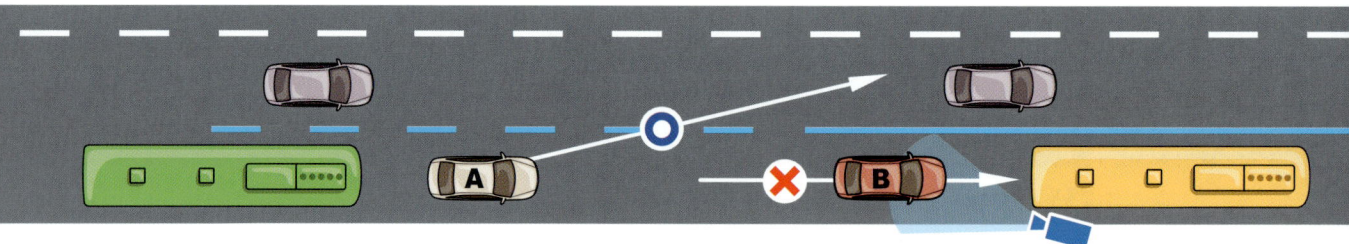

A 차량은 버스전용차로의 점선이 끝나기 전에 옆으로 차선 변경을 하려 하고 있습니다. 그런데 B 차량은 이미 실선 구간까지 진입해 버렸군요. 자신이 단속 카메라에 찍히고 있다는 사실조차 모르는 것 같습니다. 아마 한참 후에 위반사실통지서가 집으로 날아오면 '아차!' 싶겠죠?

버스전용차선의 단선과 복선

버스전용차선의 운 시간은 노면이나 표지판에도 표시되어 있어서 운전 중에도 확인할 수 있습니다. 단, 최근 운영되는 중앙버스전용차로의 경우 노면이 주황색이고 24시간 상시 운영(운영 시간은 지방마다 다를 수 있음)되기도 합니다.

단선의 버스전용차선 — 시간제이며 공휴일은 전용차로 운영이 해제됨

복선의 버스전용차선 — 전일제이며 공휴일은 전용차로 운영이 해제됨

02 차선을 지키세요

자기 차선을 지키면서 주행하는 것은 운전의 기본 원칙이죠. 그런데 차선의 중요성을 모른다거나, 안다고 해도 마음처럼 차선을 지키지 못하는 것이 초보운전자의 문제점입니다. 여러분은 어떤 이유로 차선을 지키지 못하고 있는지 진단해 보고 고쳐 나가기 바랍니다.

핸들 감각이 미숙한 운전

핸들을 너무 힘껏 잡거나 핸들 조작이 잘 안될 때, 또는 시야가 좁아서 예측 운전이 안 될 때는 음주운전 하듯이 차선을 넘나들게 됩니다. 마음은 똑바로 주행하려는데 몸이 따라주지 않는 것이죠. 특히 커브길에서는 핸들 조작이 더 어려우니 주의해야 합니다. 자신이 여기에 해당한다면 이렇게 해보세요!

차선

- 시야를 멀리 두세요! 시야가 좁을수록 차선을 지키지 못합니다.
- 핸들을 잡은 손에서 힘을 빼세요! 핸들에 힘이 들어가면 급조작을 하게 됩니다.
- 핸들을 조작하는 연습을 충분히 해주세요! 연습이 최선의 방법이죠!

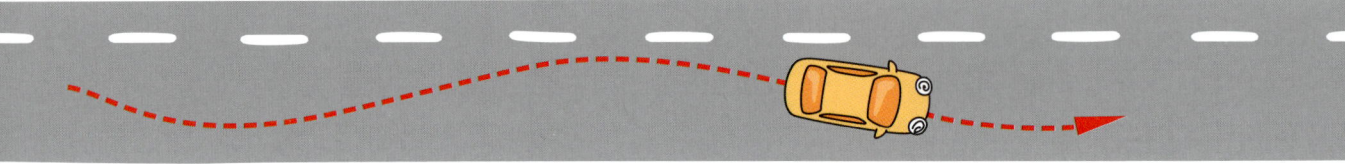

차가 다가오면 무조건 피하는 운전

초보자들은 옆에서 차가 다가오기만 해도 반사적으로 핸들을 돌려서 피하는 경향이 있습니다. 버스처럼 덩치가 큰 차라면 옆에 있기만 해도 지레 겁을 먹고 반대편 코너로 도망치기도 합니다. 문제는 기본적으로 지켜야 할 차선이 있는데 무조건 도망치려 한다는 데 있습니다. 지금 달리는 차로의 주인은 자신입니다. 옆에서 차가 조금 다가온다고 해서 다 팽개치고 도망치면 제대로 운전이 될 수가 없습니다. 또한 내가 도피하려고 하는 차선에도 다른 주인이 있을 수 있다는 사실을 잊어서는 안 됩니다. 불가피하게 옆 차를 피해야 할 상황이라면 내 차가 남의 차선을 침범하고 있다는 사실은 알고 더욱 주의해야 합니다.

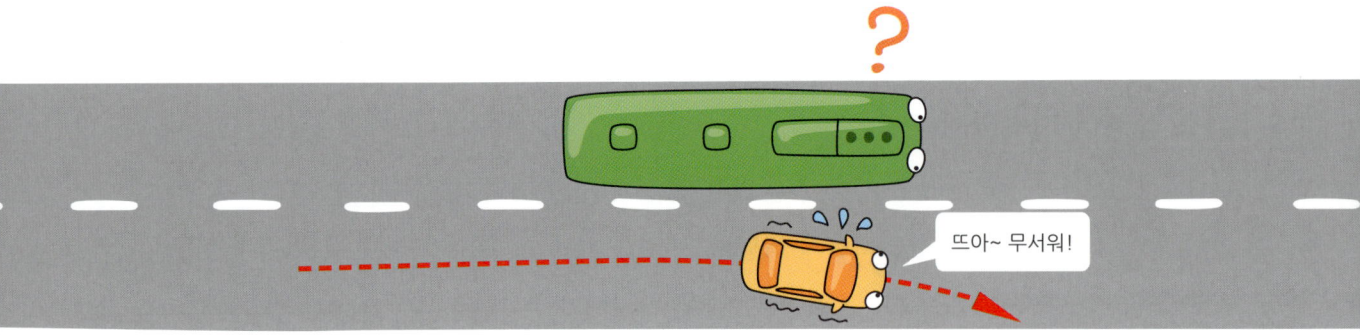

착시 현상으로 인한 왼쪽 치우침

일반적으로 초보자들은 차로의 왼쪽으로 치우쳐서 주행하는 경우가 많은데, 그 이유는 운전석이 왼쪽에 있기 때문입니다. 실제로는 오른쪽의 공간이 훨씬 넓지만, 사각지대로 인해 좁아 보이는 것일 뿐입니다. 이런 착시 현상으로 차선의 중앙을 잡지 못하고 계속 왼쪽으로 치우쳐서 운전하게 된다면, 잘못된 차량 감각으로 인해 언젠가는 불편을 겪게 될 겁니다.

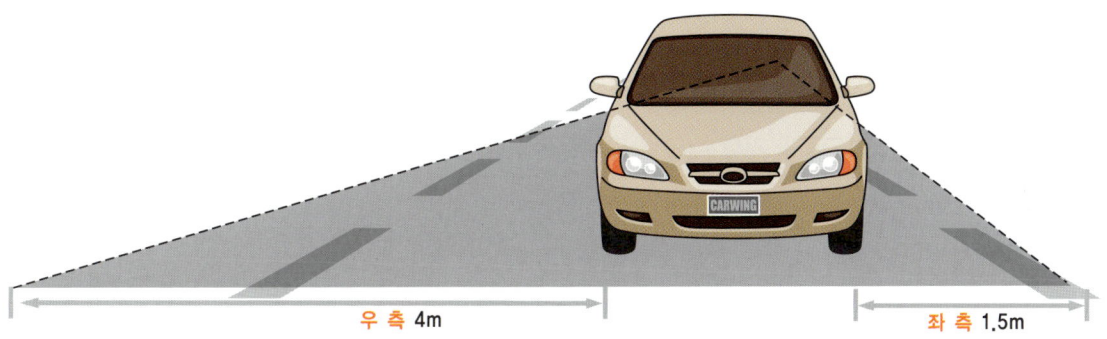

그렇다면 어떻게 해야 차선의 중앙으로 차를 몰고 갈 수 있을까요? 여러 가지 방법이 있겠지만, 시야를 멀리했을 때 액셀을 밟은 오른발이 도로의 중앙에 떠 있는 듯한 지점에 맞추어 주행하는 방법이 가장 무난합니다. 오른발을 도로의 중앙에 맞추라고 하니까 코앞만 보면서 다니는 사람도 있는데, 시야를 멀리해도 직감으로 충분히 맞출 수 있습니다.

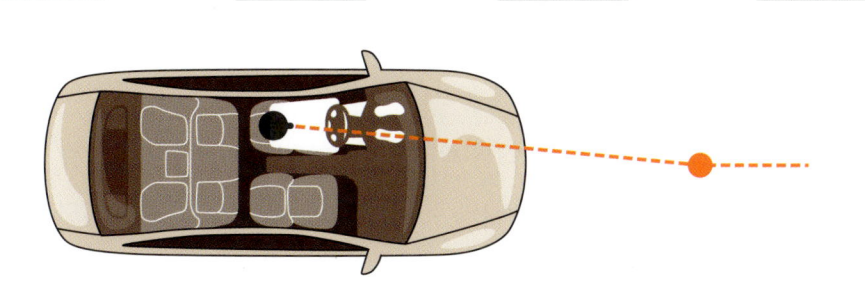

알아두세요! 차폭 감각 기르기

차폭 감각이란 차내에서 차체의 크기를 짐작하여 외부의 장애물과 얼마나 떨어져 있는지 판단하는 감각을 말합니다. 차폭 감각이 좋아야 안전한 주행이 가능한데, 운전이 숙달되지 않은 초보자는 아직 그런 감각이 부족할 수밖에 없습니다. 이로 인해 앞으로 겪게 될 어려움도 한둘이 아니랍니다. 예를 들자면 이런 것들이겠죠!

- 주차하는 시간이 오래 걸리고 다른 차와 부딪힐 것만 같다.
- 차로 폭이 좁은 고가도로를 지날 때면 가드레일을 들이받고 떨어질 것만 같다.
- 도로 위의 돌멩이나 웅덩이를 잘 피하지 못한다.
- 차선이나 옆 차와 얼마나 떨어져 있는지 잘 모르겠다.
- 세차장이나 주차장 차대에 딱 맞춰서 진입하기가 어렵다.
- 골목길 주행에 자신이 없다.

그 밖에도 우리가 운전하면서 차폭 감각이 필요치 않은 때는 거의 없습니다. 차폭 감각은 운전자의 앉은 자세와 차의 종류에 따라 제각기 다르기 때문에 공식화한다는 것은 어려워 보입니다. 다만 차체에 기준점을 설정하고 차선이나 도로 면과 어떻게 접했을 때 주행하기 적당한 상태인지 점검해 두는 것이 최선의 방법입니다. 그런 식으로 직접 확인하면서 자꾸 감각을 단련시켜야 차와 한 몸이 된 것처럼 어려운 길도 잘 빠져나갈 수 있답니다.

차체의 기준을 잡는 방법

차폭 감각을 기르기 위해 차체의 기준을 잡는 방법이 필요합니다. 차체에 기준이 될 만한 지점을 정하고 그 지점이 차선이나 장애물과 얼마만큼의 거리인지 차에서 내려 직접 확인하면서 감을 길러 보세요! 여기 설명된 기준과 수치는 특정 차와 특정인의 신체에 의해서 얻어진 것이므로 여러분 각자에게 맞는 기준을 잡아서 거리를 확인해야 합니다.

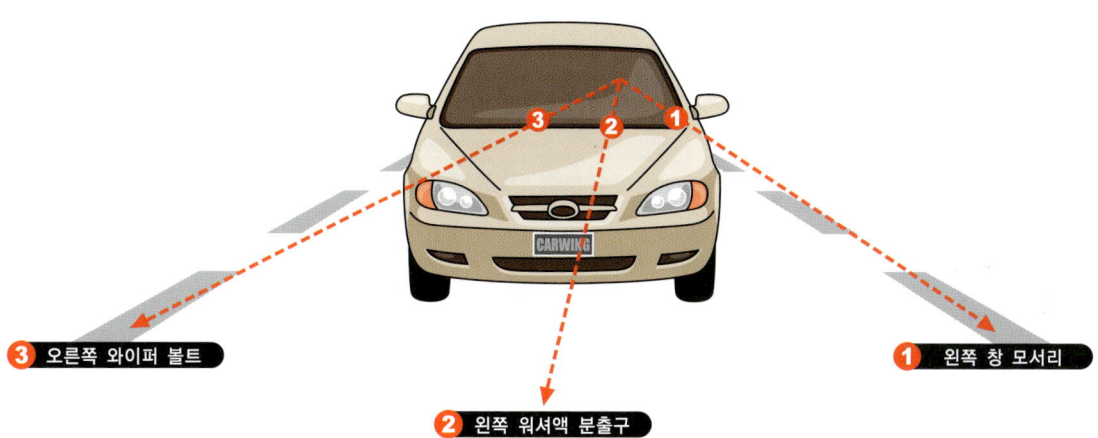

① 왼쪽 창 모서리

왼쪽 창 모서리가 왼쪽 차선과 만날 때, 왼쪽 차선과 차체와의 거리가 얼마인지 알아둡니다. 보통은 1m 정도의 거리가 되는데 사람의 앉은키에 따라 조금씩 달라집니다.

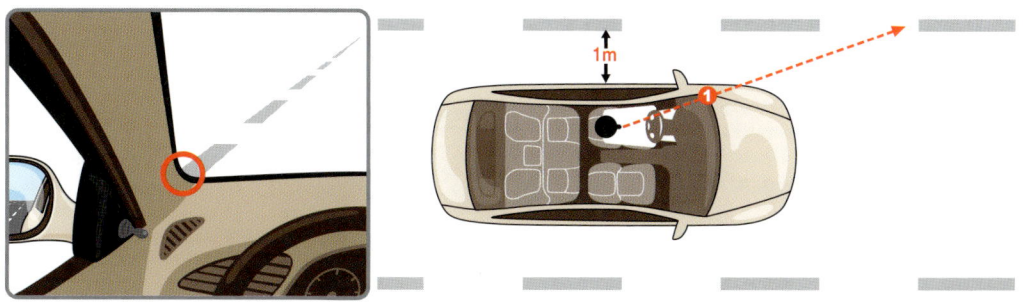

② 왼쪽 워셔액 분출구

앞서 오른발을 도로의 중앙에 맞추면 차도 중앙을 달리는 것이라고 설명했죠! 그 방법 외에도 차체의 왼쪽 워셔액 분출구가 차로의 중앙을 달리게 하는 방법도 있습니다.

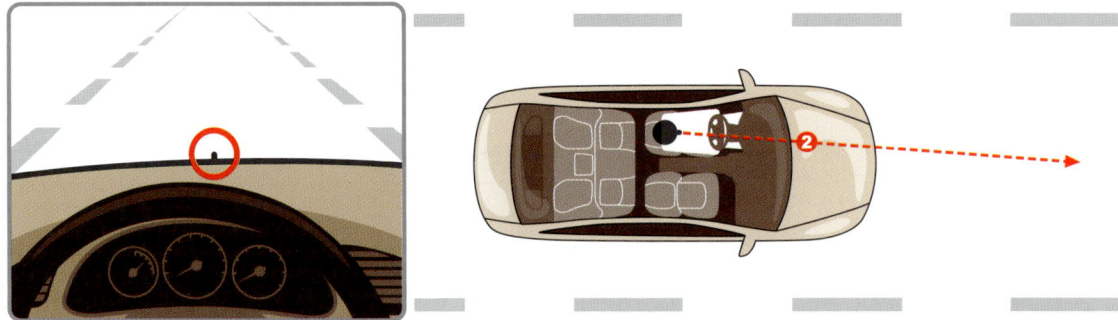

❸ 오른쪽 와이퍼 볼트

오른쪽 와이퍼 볼트가 오른쪽 차선과 일치하면 보통 오른쪽 차선과 차체가 1m 떨어진 상태입니다.

내 차에서는 실제 어떤지 직접 측정해 보고 실전 운전에 적용하세요.

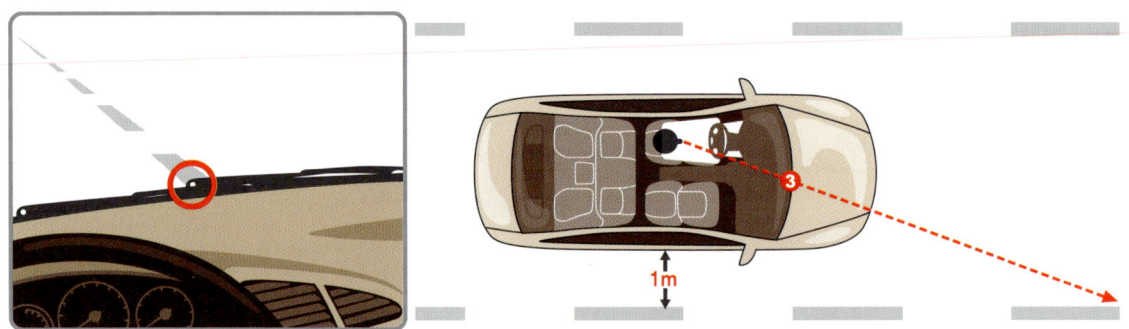

03 ● 운전하기 편한 차로는?

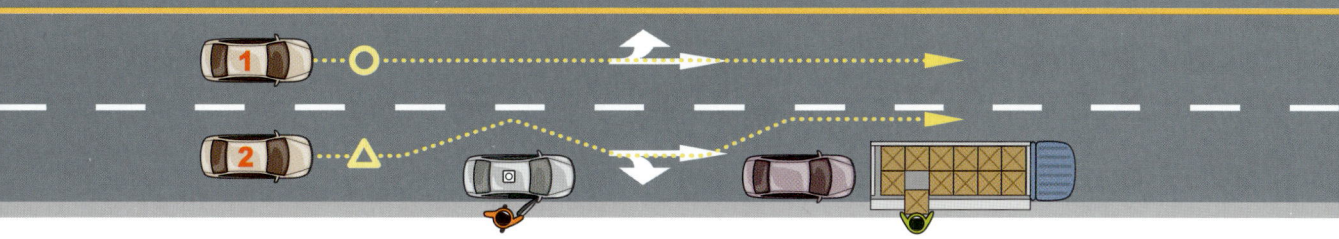

편도 2차로에서 직진할 때 1차로 주행이 편합니다.

1차로는 막힘 없이 잘 갈 수 있는데, 2차로는 주 정차된 차 등 장애물 때문에 불가피하게 차선 변경을 하게 되어 주행하기 부담스러워집니다.

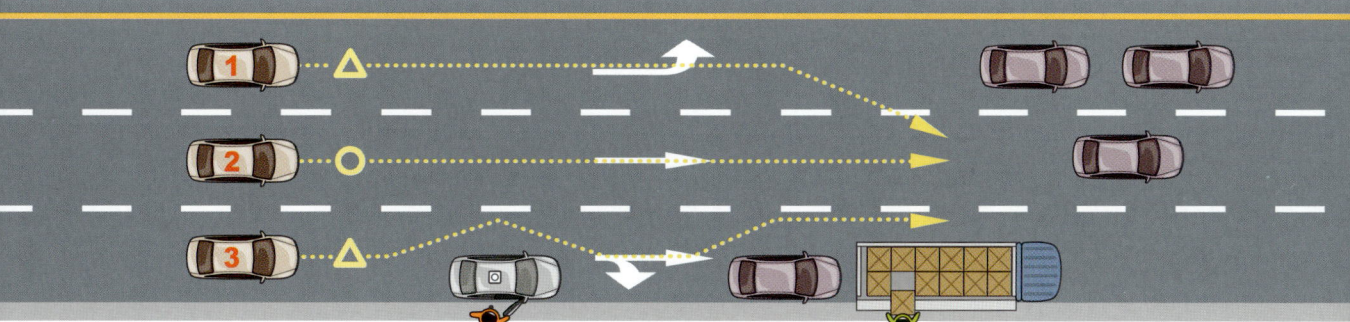

편도 3차로에서 직진할 때 2차로 주행이 편합니다.

1차로는 유턴이나 좌회전 차선으로 바뀌어서 직진이 안 될 수도 있으며 3차로는 불법 주정차와 같은 걸림돌에 의해서 불가피하게 차선 변경을 해야 할 수도 있습니다. 특히 택시는 어디서든 손님을 태우려고 정지할 수 있으니, 뒤에 바짝 따라다니지 마세요!

Lesson 3 교차로 통행 방법

교차로를 통행할 때는 사고가 나지 않도록 각별한 주의가 필요합니다. 통계에 따르면 전체 사고의 20%가 교차로에서 발생했다고 합니다. 사고 위험이 높은 만큼 사전에 교차로 통행 방법 및 신호 보기에 대한 이해가 절대적으로 필요하겠죠? 하지만 교차로 통행 방법에 대해 명확히 설명할 수 있는 사람은 그리 많지 않습니다. 그 때문에 초보운전자는 교차로에서 남의 눈치만 살피다가 남들이 하니까 괜찮으려니 하고 따라 하는 경우도 많습니다. 남들이 다 불법을 저지른다고 해서 그것이 합법화될 수는 없겠죠! 위반한 뒤에 "잘 몰라서 그랬어요!", "남들도 다 그렇게 하던데요!" 하는 핑계는 통하지 않습니다. 아무것도 모르는 것보다는 차라리 알면서 위반하는 것이 낫고, 그것보다는 명확히 법규를 알고 따르는 것이 최상의 운전 방법입니다. 우리는 최소한 어떤 행동이 원칙에 따른 것이고 어떤 행동이 관행에 따른 것인지 정도는 명확히 구분할 줄 알아야 하겠습니다. 더 이상 신호 및 교차로 통행 방법에 대한 모호한 관념에서 헤매지 말고 확실히 이해하고 넘어가기를 바랍니다.

01 직진하기

1 직진 차선으로 차선 변경

직진하려면 교차로 전에서 충분한 거리를 두고 미리 직진 차선으로 차선 변경을 해주어야 합니다. 도로의 노면에는 직진, 유턴, 좌회전 등 차선의 방향을 알려주는 노면 표시가 있는데, 차는 원칙적으로 노면 표시의 방향대로 가야 합니다. 즉 좌회전이나 유턴 차선에서 직진할 수 없다는 것이죠. 또 교차로 부근은 차선이 실선이어서 차선 변경이 금지돼 있기 때문에 교차로 근처에서는 차선 변경을 해서도 안 된답니다. 직진해야 함에도 좌회전 차선에서 미리 직진 차선으로 바꾸지 못했다면 어쩔 수 없이 좌회전해야 하는 상황이 생길 수도 있다는 것입니다.

1차로에서 노면 표시에 따른 직진방법

1차로는 직진이 금지됐으므로
2차로로 차선변경

1차로 좌회전 금지
(직진만 가능)

1차로 좌회전과 직진이 가능

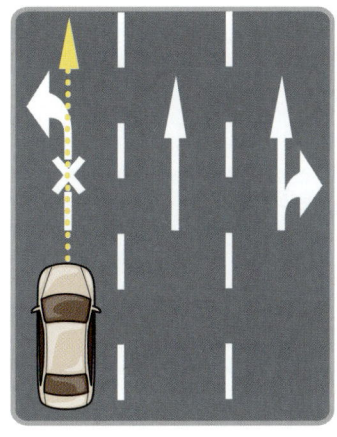

그러나 실전에서는 미리 차선 변경을 하지 못한 차들이 뒤늦게 직진 차선으로 끼어드는 모습을 쉽게 볼 수 있습니다. 이는 단속이 약해서 관행처럼 하는 것일 뿐, 법규 위반입니다.

O 원칙 · X 위반 차선변경금지 위반 ◉ 범칙금 3만 원

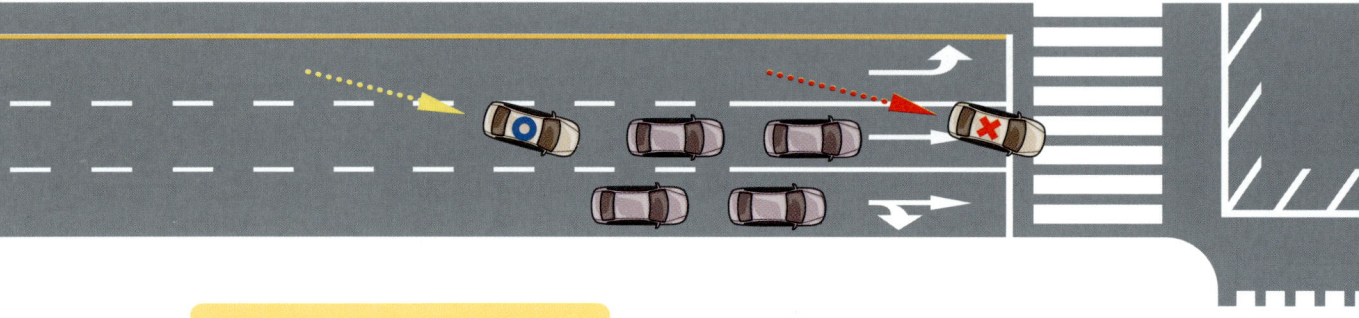

2 자기 차선대로 직진

교차로 내에서는 차선 변경은 물론 앞지르기가 금지되어 있으므로 1차로는 1차로로, 2차로는 2차로로 진행하는 것이 정석입니다. 그러나 현실에서는 좌회전 차선에서 직진하거나 교차로 내에서 차선 변경을 하는 차들이 많습니다. 잘못된 관행이므로 바른 운전으로 오인하지 않도록 주의하세요.

O 원칙 · X 위반 교차로통행방법 위반 ◉ 범칙금 4만 원 | 신호 위반 ◉ 범칙금 6만 원, 벌점 15점

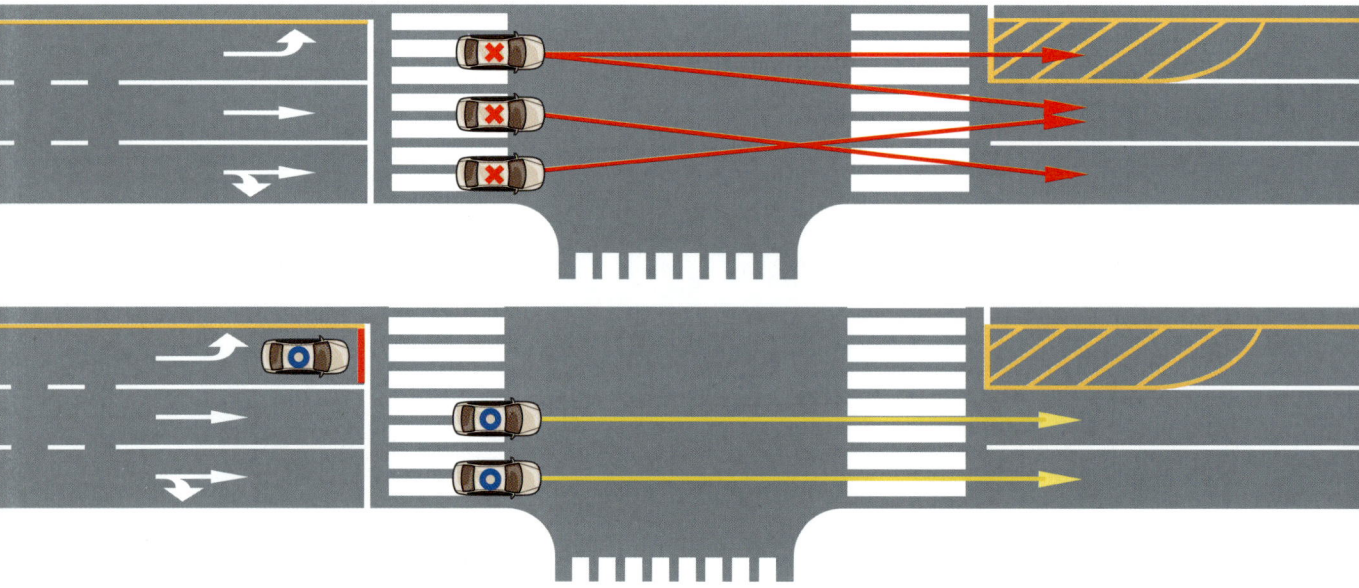

신호가 바뀔 때 교차로 통행 방법

① 신호가 바뀌어서 정지할 때는 횡단보도 정지선을 침범하지 않도록 해야 합니다. 내가 보행자일 때는 횡단보도를 침범한 운전자가 그렇게 얄미울 수가 없었는데, 막상 차를 몰다 보니 나도 모르게 횡단보도를 떡~하니 가로막아서 민폐를 끼치는 일이 생길 겁니다. 이런 실수를 막기 위해서는 시야를 멀리 두어서 미리미리 신호를 감지하고, 브레이크의 제동거리를 익혀서 의도한 대로 차를 정차시킬 수 있어야 합니다.

② 만약, 노란불에 이미 교차로 내에 진입한 상황이라면 신속히 빠져나가는 것이 좋습니다. 어물쩍거리다가는 교차로 내에서 오도 가도 못하는 신세가 될 수도 있습니다.

③ 횡단보도 바로 전이라면 교차로 통과 여부를 내 차의 속도에 따라서 결정해야 합니다. 내 차의 속도가 너무 빠를 때는 급제동이 오히려 위험할 수가 있으므로 신속히 교차로를 넘어가고, 내 차의 속도가 빠르지 않아서 무난히 정지할 수 있다면 안전을 우선으로 멈춰주는 것이 좋습니다.

④ 통행량이 많아서 교차로가 막힌다면 녹색 신호라도 정체가 풀릴 때까지 교차로에 진입하지 않는 것이 좋습니다. 이때 무리하게 진입하다 신호가 변경되면, 교차로 한가운데서 갇혀서 교통 혼잡의 원인이 될 수도 있습니다.

직진 우회전 공용 차로에서 '빵빵'거리는 우회전 뒤차 대처 방법

2차로 도로의 2차선에서 직진을 하려고 신호 대기하고 있는데 뒤따라온 우회전 차가 뒤에서 길을 비켜 달라며 경적을 울리는 경우가 있습니다. 신호 대기 중인 직진 차가 우회전 차의 진로를 막는 꼴이기 때문이죠. 직진 차는 저 뒤차가 왜 저렇게 난리인가 하고 영문도 모르다가 뒤늦게 눈치채고 마지못해, 혹은 죄라도 지은 것처럼 횡단보도 정지선을 넘어서 길을 터주기도 하는데, 이것은 옳은 방법이 아닙니다.

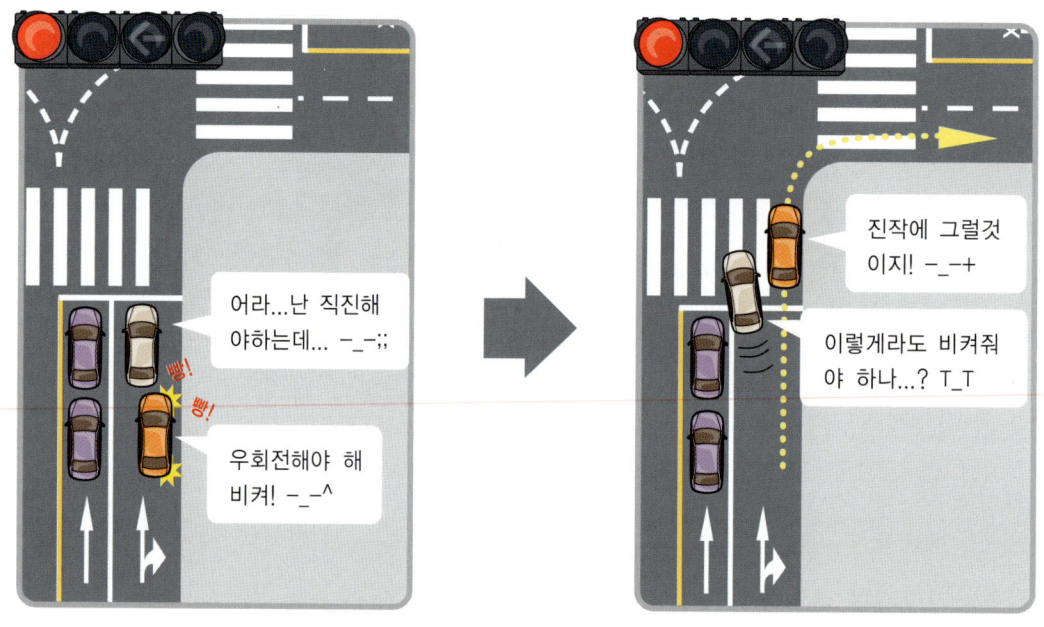

원칙적으로 직진 우회전 공용 차선에서 우회전 차량이 먼저 정차해 있는 직진 차량에 길을 비켜 달라고 강압적으로 경적을 울려서는 안 됩니다. 강압적인 경적을 울리며 소음을 발생시키는 난폭 운전자는 범칙금 4만 원 부과 대상이 되고, 정도가 심한 난폭 운전자는 1년 이하 징역이나 500만 원 이하의 벌금형으로 처벌 될 수 있습니다. 무리한 양보를 한 직진 차도 횡단보도 정지선을 넘으면 보행자 보호 의무 위반(범칙금 6만 원, 벌점 10점), 교차로 통행 방법 위반으로(범칙금 4만 원) 단속 대상이 됩니다. 이처럼 무리한 요구는 잘못된 관행임을 바로 알고 현명하고 당당하게 대응할 수 있어야 하겠습니다.

그렇다면 뒤따라오는 **우회전 차를 배려하는 최소한의 다른 방법**은 무엇이 있을까요?
첫째, 직진 차선으로 미리 차선 변경을 해서 직진 우회전 공용인 2차선을 비워주는 방법.
둘째, 차로 폭이 넓은 경우 차로의 왼쪽으로 직진 차를 바짝 붙여서 차로의 오른쪽으로 우회전차가 빠져나갈 수 있는 샛길을 만들어 주는 방법이 있습니다. 보통 직진 우회전 공용 차선은 차로 폭이 넓은 경우가 많아서 직진 차가 차선 왼쪽으로 바짝 붙여주면 우회전 차가 빠져나갈 수 있답니다.

① 직진 전용차선으로 차선 변경

② 샛길 만들어주기

02 좌회전 하기

4 보행자를 주의하며 차선 진입

좌측프레임에 의한 사각지대

3 유도선을 따라 좌회전

1 좌측 깜박이를 켜며 좌회전 차선으로 변경

2 좌회전 신호대기 (좌측 깜박이)

1 좌측 깜빡이를 켜며 좌회전 차선으로 차선 변경

좌회전은 교차로에 진입하기 전에 미리 좌회전 차선으로 차선 변경을 하고 교차로 정지선에서 신호 대기를 합니다. 교차로 근처는 밀려 있는 차들 때문에 끼어들기가 힘들 뿐 아니라 할 수 있다 하더라도 차선 변경이 금지된 구역이므로 가급적 미리 차선을 변경해야 합니다.

O 원칙 · X 위반 차선변경금지 위반 ➡ 범칙금 3만 원, 벌점10점

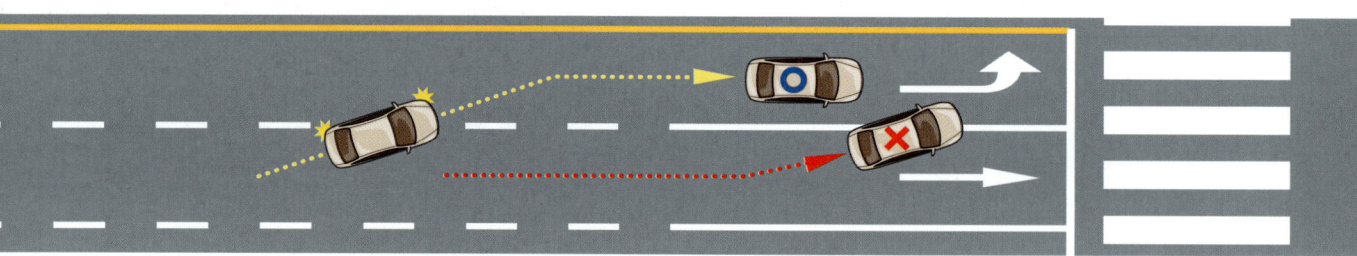

2 좌회전 신호 대기 : 좌측 깜빡이

교차로에 다가서면 좌회전 신호가 나올 때까지 대기합니다. 초보자는 좌회전 신호 대기 시간이 길어질수록, '혹시 지금 좌회전해야 하는 거 아냐?' 하고 좌회전 시기를 고민하게 됩니다. 그러다 뒤에서 '빵빵' 거리기라도 하면 좌회전 타임인 줄 알고 등 떠밀리듯이 출발하곤 하죠!

좌회전은 좌회전 노면 표지가 있는 교차로에서 신호등에 좌회전 화살표 신호등이 들어올 때 하면 됩니다. 이렇게 간단한 것을 초보자들은 왜 어려워할까요? 바로 예외라는 게 있기 때문입니다. 좌회전 신호를 주는 곳도 있지만 신호등도 없고 신호를 주지 않는 곳도 있기 때문에 혼란스러운 것이죠! 신호가 없는 곳은 별도의 교통안전 표지로 좌회전 방법을 안내하게 됩니다.

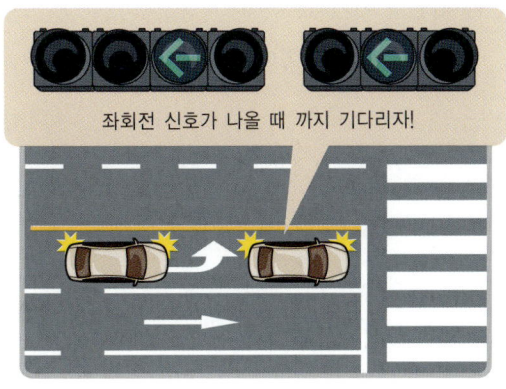

▶ 좌회전 신호를 주지 않거나 좌회전 신호등이 없는 경우에는 아래와 같은 표지를 줍니다.

[좌회전과 관련된 별도의 교통안전 표지]

좌회전 금지	비보호 좌회전	우회로	좌회전 금지	좌회전 금지

신호등 근처에 있는 표지 | 노면에 있는 표지

❶ 좌회전 금지 표지가 있을 때

교차로에서 좌회전을 금지할 경우엔 노면과 신호등 옆에 좌회전 금지 표지가 되어 있습니다. 물론 좌회전 신호는 들어오지 않기 때문에 좌회전 차선도 없으며 교차로를 직진해야 합니다. 이때는 일단 직진하여 교차로를 넘어간 뒤, 다음 교차로에서 유턴한 후, 우회전 하거나 피턴을 해서 좌회전 방향을 찾아가야 합니다.

❷ 피턴 표지가 있을 때

영문 'P' 자처럼 생긴 도로 표지판이 바로 피턴 (우회도로) 표지판입니다. 보통은 좌회전 금지 표지와 함께 사용되는 경우가 많습니다. 피턴은 교차로를 넘어간 후, 우측으로 난 우회도로를 따라 돌아서 좌회전할 수 있도록 한 통행 방법입니다. 좌회전하려면 우회도로를 타야 하고, 그러려면 교차로 진입 전에 도로의 좌측이 아닌 우측으로 주행해야 합니다. 이걸 모르고 뒤늦게 차선 변경을 하다가는 우회도로를 지나쳐서 좌회전 기회를 놓칠 수 있습니다.

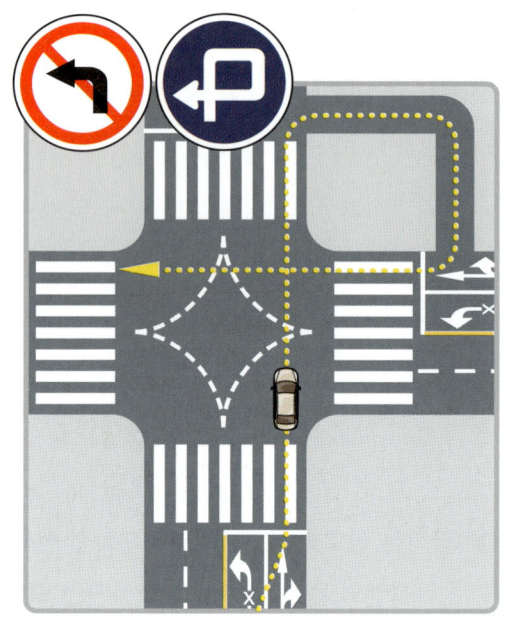

❸ 비보호 좌회전 표지가 있을 때

비보호 좌회전을 언제 할 수 있다고 생각하세요? 연수자들에게 질문해 보니 비보호 좌회전은 적색 신호, 또는 주변에 차가 없으면 아무 때나 해도 되는 것으로 잘못 아는 경우가 많았습니다. 이렇게 잘못 알고 있는 이유는 주변의 선배 운전자가 잘못 가르쳐줬거나, 다른 운전자의 위반 사항을 신호 준수로 착각했기 때문이겠죠! 초보운전자를 가르쳐주는 선배 운전자 스스로 체계적이고 명확한 정보를 가지고 있는지 다시 한번 검토하고 교육에 임해야 하는 이유가 바로 여기에 있습니다.

비보호 좌회전은 녹색 직진 신호에 해야 합니다. 녹색 신호 시 대향 차선에 차가 없고 있어도 안전하게 먼저 갈 수 있을 때 좌회전하면 되는 것이죠. 녹색을 제외한 신호에서의 좌회전은 신호 위반입니다. 또한 비보호이기 때문에 녹색 신호에 좌회전했다 하더라도 사고가 발생하면 안전운전 의무 위반으로 좌회전 차량의 과실이 높게 처리됩니다. 좌회전 차에 불리한 상황이죠? 그래서 비보호 좌회전은 초보운전자뿐만 아니라 숙련자에게도 각별한 주의가 필요하답니다.

하지만 실제 도로상에서는 적색 신호일 때나, 신호와 관계없이 아무 때나 좌회전하는 운전자도 있습니다. 비보호 좌회전이 차량 통행이 적은 교차로에 있기 때문에 더욱 쉽게 위반하게됩니다. 심지어는 신호를 지키려고 대기하는 운전자를 경적을 울려서 신호를 위반하라고 압력을 넣는 난폭 운전자도 있습니다. 운전자들이 깨어서 조금씩 개선해 나가야 할 부분이라 생각됩니다.

좌회전 노면 표지는 있는데 좌회전 신호가 안 들어와요!

노면에는 좌회전 표지가 있는데 좌회전 지시 표지도 없고, 신호등에 좌회전 화살표 신호가 켜지지도 않습니다. 여러분은 어떻게 하겠습니까? 아마 아무리 기다려도 좌회전 화살표 신호가 안 들어오니 십중팔구는 마주 오는 차가 없을 때 좌회전해서 가지 않을까 싶군요.

교차로 통행 방법

O 원칙
이런 상황에서는 좌회전이 금지되기 때문에 신호에 따라서 직진해야 합니다(근거 : 95도 3093 대법원판결 96. 5. 31).

X 위반 신호 위반 ➡ 범칙금 6만 원, 벌점 15점
그러나 관행적으로는 비보호 좌회전처럼 좌회전이 행해지고 있습니다. 사고가 나면 당연히 신호 위반 처리가 되기 때문에 각별히 주의해야 합니다. 만약 여러분이 다니는 길에 이런 미완의 신호 체계로 사고위험이 높다면 관할 관청에 좌회전 지시 표지를 설치해달라고 요청하는 것이 좋습니다.

노면 표시는 있지만 좌회전 신호 없음

3 유도선을 따라 좌회전

O 원칙
좌회전 신호가 들어오면 회전하기 적당한 속도로 좌회전합니다. 좌회전 중에는 차선 변경이나 앞지르기를 할 수 없으며, 좌회전 유도선을 따라 진입했던 차선대로 회전해야 합니다. 즉, 다른 교통에 방해되지 않도록 1차선에서 좌회전했으면 1차선으로, 2차선에서 좌회전했으면 2차선으로 진입해야 한다는 것이지요. 좌회전 유도선이 없는 경우도 많은데, 그럴 때는 출발한 차선과 진입할 차선을 기준으

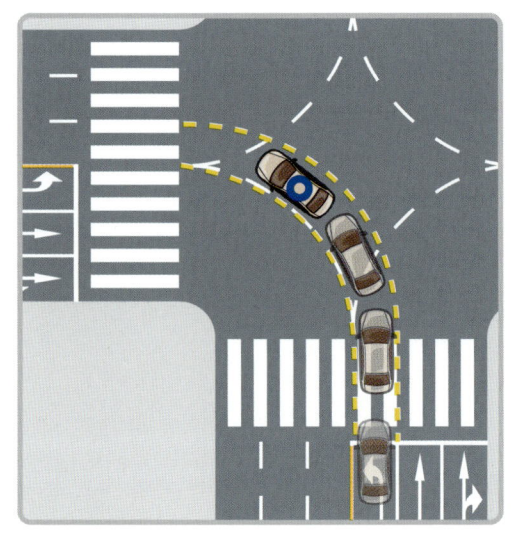

로 운전자가 임의의 가상선을 머릿속으로 그리면서 운전해야 합니다.

X 위반 교차로통행방법 위반 ◯ 범칙금 4만 원

하지만 좌회전 중에 1차선에서 2차선으로 이동하는 등 관행적으로 차선을 쉽게 넘어 다니는 경우가 허다합니다. 좌회전 유도선이 없을 때는 더욱더 그렇죠. 원활한 교통을 위해 경찰도 거의 단속하지 않는 형편입니다. 따라서 좌회전하면서 차선을 지킬 필요도 있지만 사고를 피하기 위해서 유연하게 주변 차들과 흐름을 맞춰줄 필요도 있습니다. 만약 좌회전 중에 접촉 사고가 발생하면 어떻게 과실을 나눌까요? 이때는 가상선을 그려서 차로 변경의 사고 유형대로 과실을 적용하게 됩니다. 물론 차선을 변경한 측이 안전운전 불이행으로 과실이 커지게 됩니다.

주의! 좌측 프레임 사각지대

운전하다 보면 운전석이 있는 왼쪽 유리 프레임 '앞쪽 차대' 때문에 시야가 상당히 방해받는다는 것을 느끼게 될 겁니다. 작은 기둥이라서 별거 아닌 것 같지만 생각보다 큰 사각지대가 생기게 됩니다. 그 때문에 좌회전할 때는 안내선 왼쪽으로 넘어가지 말아야 하고, 좌측 편에서 뒤늦게 직진해 오는 차나 횡단보도 보행자가 있지는 않은지 주의해야 합니다.

03 ● 우회전 하기

1 우측 깜빡이 켜고 가장자리 차선으로 변경

우회전하려면 차선 변경이 어렵지 않도록 교차로 진입 전에 미리 우측 가장자리로 차선을 옮겨 줍니다. 우회전 코너에서는 우측 깜빡이를 켜고 안전하게 회전할 수 있도록 속도를 줄여야 합니다. 우회전할 때도 차선을 맘대로 넘나드는 것이 아니라 가장자리 차로로 넘어가야 합니다. 초보운전자는 직진 해오는 차들이 무서워서 모든 차선이 비어 있을 때 우회전하려는 경향이 있는데, 도심에서 그런 기회는 흔치가 않습니다. 다른 차선에서 직진해 오는 차들이 있더라도 내가 우회전할 때 필요한 가장자리 차선이 비어 있다면 조심스럽게 그 차선만 이용해서 우회전하도록 하세요!

2 우회전

우회전할 때는 신호를 받고 달려오는 교차로 반대편 직진 차를 살펴야 합니다. 만약 달려오

교차로 통행 방법

는 직진 **A** 차나, 좌회전 **B** 차가 있다면 우선 우회전이 쉬워지도록 차를 오른쪽으로 비스듬히 세워두고, 상황을 살피면서 우회전 기회를 엿봐야 합니다. 이때는 이미 차체가 어느 정도 방향이 틀어져 있어서 차선 변경과 비슷한 상황이 되기 때문에 필요에 따라서 우측 깜빡이가 아니라 좌측 깜빡이를 켜서 내 차가 끼어들려고(우회전) 한다는 것을 **A**차와 **B**차에 노출해 주는 것도 좋습니다.

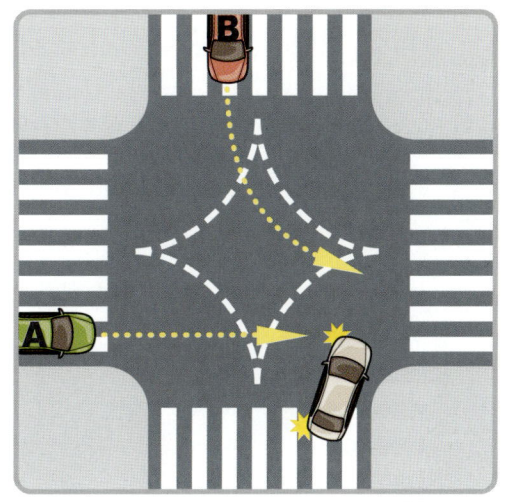

우회전 대기 중에 뒤따라 붙은 뒤차가 기다리지 못하고 '빵~빵!' 경적을 울려대며 우회전을 독촉한다고 해도 등 떠밀리듯 억지로 우회전해서는 안 됩니다. 주변의 압력에 위축되지 말고 스스로 판단해서 안전하다고 생각될 때까지 기다리세요. 사고 난 후 뒤 차가 책임져 주는 것은 아니니까요. 운전연수를 받을 때 바로 이런 심리적인 부분에도 역점을 두고 연습해야겠습니다.

3 우회전 횡단보도 일시 정지 통과 방법

우회전 차량과 보행자의 사고를 줄이기 위해 우회전 횡단보도 통과 방법에 관한 도로교통법 시행규칙이 두 차례나 개정되었습니다(2022.07.12. 교차로 우회전 통행 방법 개정, 2023.01.22 우회전 신호등 도입 개정). 개정된 교차로 우회전 방법에 따라 올바른 횡단보도 통과 방법을 반드시 알고 있어야 하겠습니다.

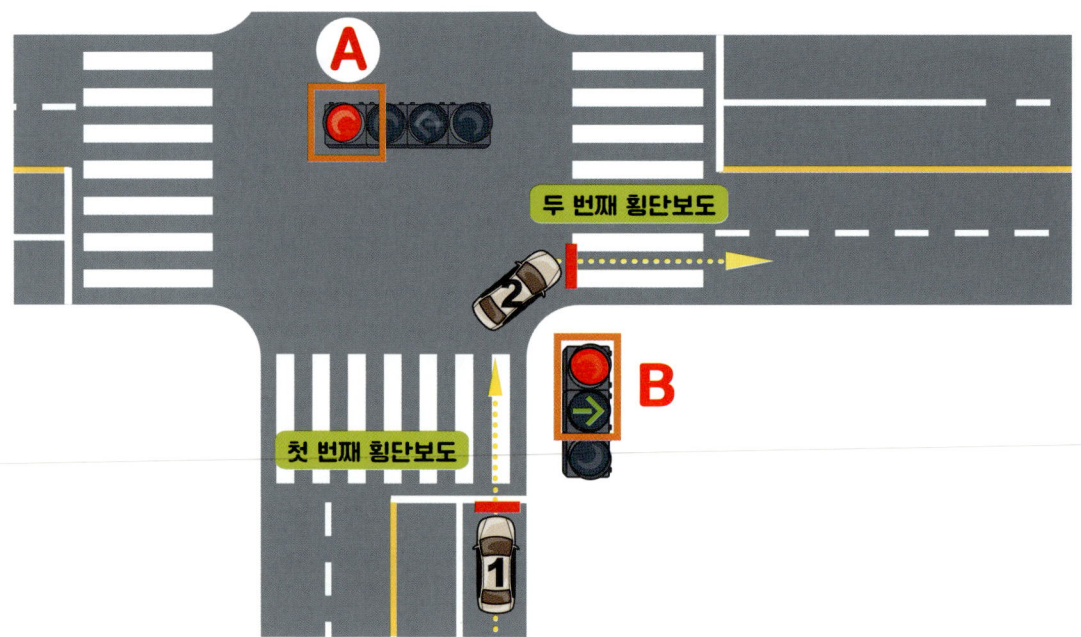

첫째, 1번 차량 위치에서 전방 차량 신호등 [A]가 적색 신호일 때는 첫 번째 횡단보도에서 반드시 일시 정지 한 다음 보행자가 없을 때 서행 우회전해야 합니다. 만약 신호등 [A]가 녹색 신호이고 횡단보도 보행자가 없다면 일시 정지 하지 않고 서행 우회전 할 수 있습니다.
둘째, 2번 차량 위치에서 두 번째 횡단보도는 통행하려는 보행자가 있으면 일시 정지해야 하고 보행자가 없으면 서행해서 우회전 할 수 있습니다.
셋째, 우회전 전용 신호등 [B]가 별도로 설치된 교차로는 녹색 우회전 신호일 때 만 우회전 할 수 있습니다.

정지해야 하는 기준으로 다시 정리를 해보면, 보행자가있 다면 일시 정지해야 하고, [A]신호가 적신호일 때 일시 정지해야 하며, [B] 신호가 적신호일때는 정지해야합니다. 일시 정지란 자동차의 바퀴가 완전히 멈춘 상태이며, 보행자란 '횡단 보도를 건너는 사람'뿐만 아니라 '건너려고 하는 사람'까지 포함됩니다. 이렇게 바뀐 우회전 방법을 모르고 위반을 하면 범칙금과 벌점이 부과(신호위반은 승용차 기준 범칙금 6만 원, 보행자 보호 불이행 벌점 10점, 신호위반 벌점 15점)됩니다. 또한 교통사고가 발생하면 '12대 중과실 위반 행위'인 신호위반으로 형사처벌(5년 이하 금고 또는 2천 만 원 이하 벌금) 될 수 있습니다. 횡단보도에서는 더욱 주의해야 하겠습니다.

횡단보도 정지선 침범의 두 가지 유형

적색이나 황색신호등에 정지선을 넘은 경우
범칙금 6만 원, 벌점 15점

신호와 관계없이 보행자가 횡단할 때 이를 방해하여 정지한 경우 **범칙금 6만 원, 벌점 10점**

교차로 통행 방법

04 유턴 하기

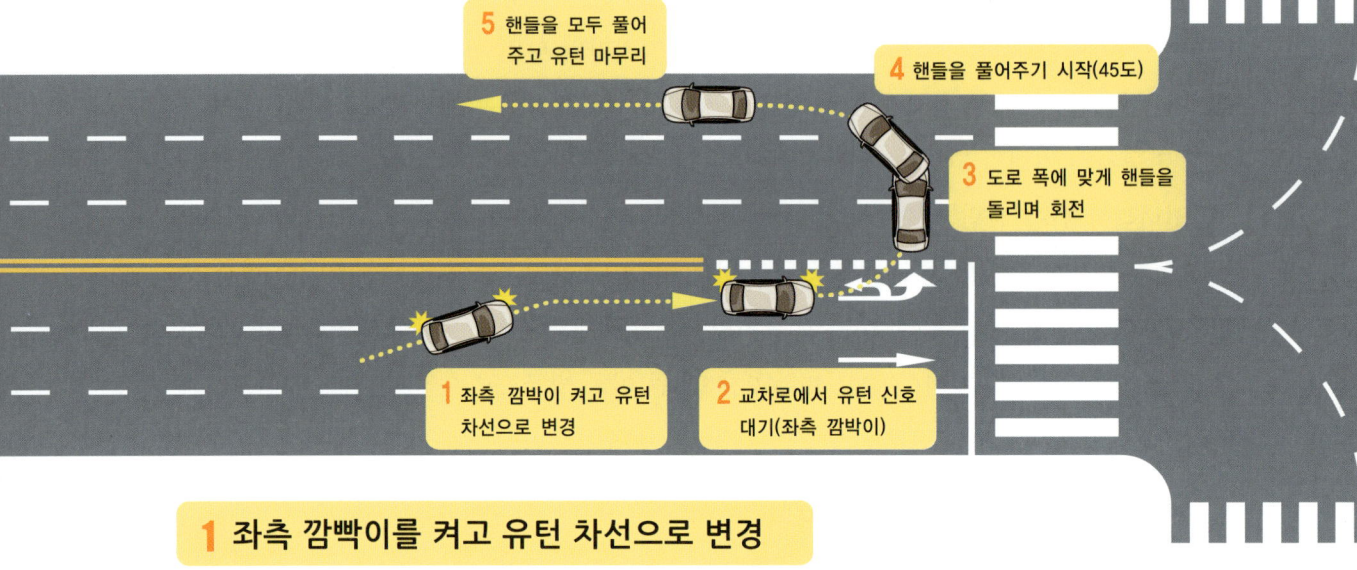

1 좌측 깜빡이를 켜고 유턴 차선으로 변경

유턴을 하려면 교차로에 진입하기 전에 미리 유턴 차선으로 차선 변경을 해야 합니다. 교차로 근처는 이미 밀려 있는 차들 때문에 끼어들기가 힘들 뿐 아니라, 할 수 있다 하더라도 차선 변경이 금지된 구역입니다.

2 교차로에서 유턴 신호 대기

유턴 시기는 유턴 보조표지를 보고 알 수 있습니다. 예를 들어 보조표지에 '좌회전 시'라고 돼 있다면 신호등에 좌회전 불이 들어왔을 때 유턴하면 되는 것이죠.

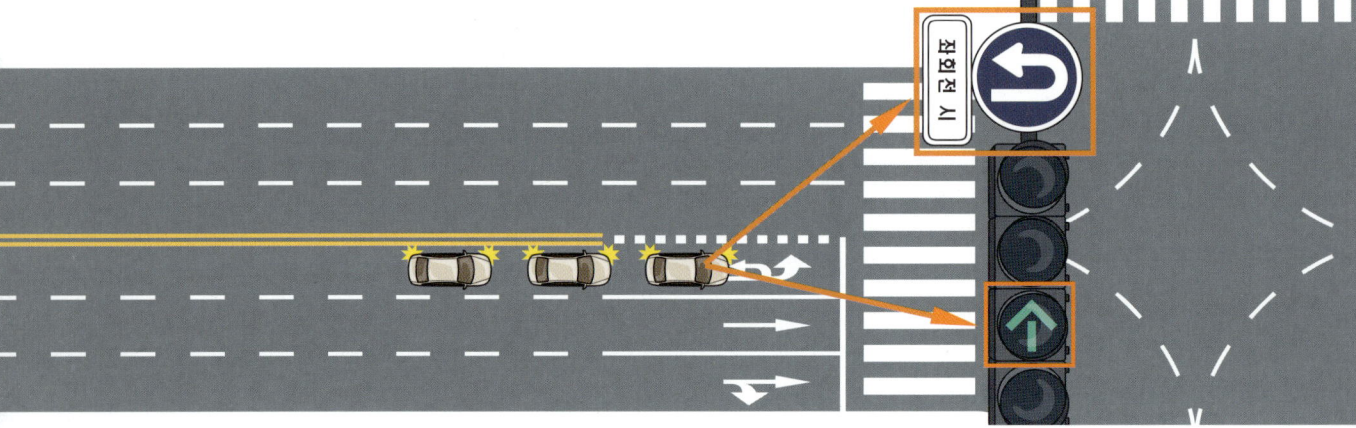

유턴 시기를 알려주는 보조표지가 없다면?

신호등이 있는 교차로에서 유턴 노면 표시와 유턴 지시 표지는 있는데 언제 유턴하라는 보조표지가 없는 경우도 있습니다. 즉 보행 신호 시, 좌회전 시 등 유턴의 시기를 명시하지 않은 것이죠. 이런 때는 비보호 유턴을 한다고 보면 됩니다. 신호와 관계없이 유턴하되, 사고가 나면 유턴한 차의 과실을 높게 본다는 것이지요.

다른 교통을 방해하지 않으며 유턴

유턴 노면 표시만 있다면?

신호등 있는 교차로에서 바닥에만 유턴 노면 표시가 있고 유턴 지시 표지는 아예 없는 곳도 있습니다. 운전자 입장에서는 유턴하라는 것인지 하지 말라는 것인지 도무지 헷갈릴 수밖에 없죠. 이 경우는 시설물이 미비된 것으로 차량 통행이 많은 곳이라면 관할 관청에 유턴 지시표지를 설치해 달라고 요청하는 것이 좋습니다. 통행 방법은 원칙적으로 유턴 금지이며 유턴하면 신호 위반에 해당합니다. 하지만 관행적으로 유턴을 하는 차들이 많습니다.

[대법원 95도3093 판결]   O 원칙 · X 관행 신호 위반 ➡ 벌금 6만 원, 벌점 15점

신호 위반으로 벌금 6만원 벌점 15점 부과

3 도로 폭에 맞게 핸들을 돌리며 회전

유턴할 때는 유턴 구간에서 앞차의 뒤를 따라 순서대로 돌아야 합니다. 실제 도로상에서는 유턴 구간이 아닌 곳에서 미리 유턴하거나 유턴 순서를 지키지 않는 정도의 반칙은 쉽게 볼 수 있으나, 보란 듯이 중앙선을 넘어가거나 신호를 위반하는 경우는 그리 많지 않습니다. 간혹 앞차가 신호 위반하며 유턴하는 줄 모르고 뒤따라가다가 덩달아 단속에 걸리거나 사고를 당하는 경우도 있으니 조심하세요!

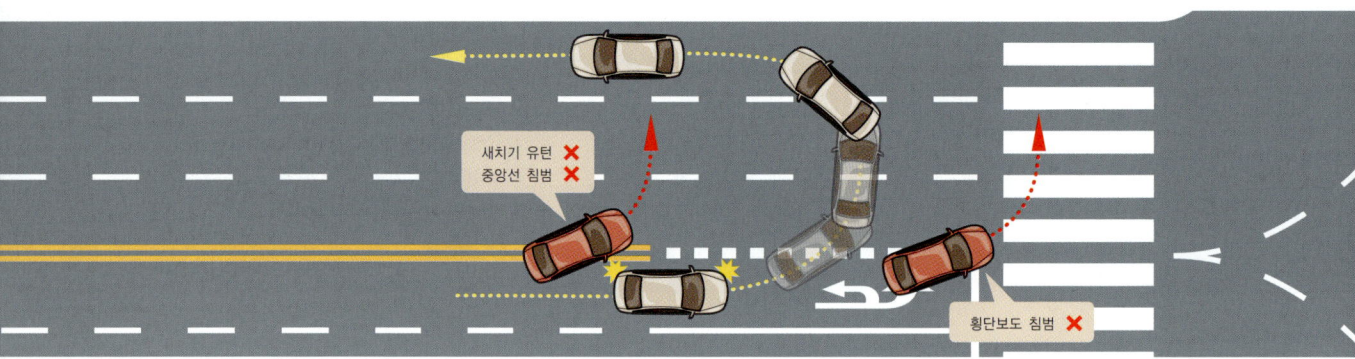

초보운전자는 유턴 중에 차가 휘청거리며 엉뚱한 방향으로 가는 경우가 많은데, 이것은 핸들 조작은 느린데 유턴 속도는 빠르기 때문에 생기는 현상입니다. 만약, 여러분도 그런 케이스라면 핸들을 미리 끝까지 감아준 후에 적당히 속도를 내면서 회전하세요. 그러면 유턴 구간을 벗어나는 현상을 줄일 수 있답니다. 그리고 차선의 맨 앞에 섰을 때, 횡단보도에 너무 바짝 달라붙으면 차를 돌리면서 횡단보도를 침범할 수도 있으니 여유 거리를 만들어 주세요!

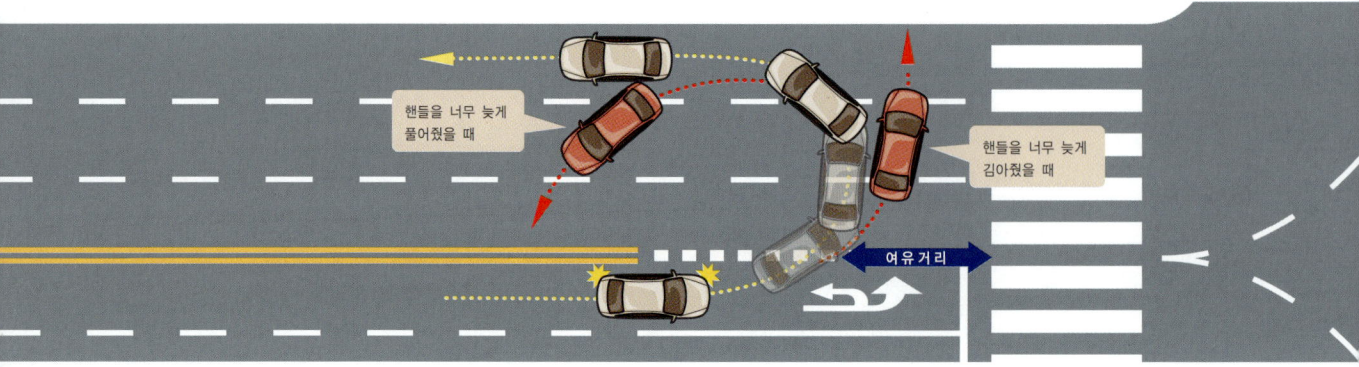

유턴 중 차로 폭이 좁은 경우

차로 폭이 좁아서 유턴 도중에 보도블록이나 장애물로 인해 더 이상 전진할 수 없는 경우도 생깁니다. 이럴 때는 먼저 후방의 안전을 확인하고 핸들을 회전 반대 방향(오른쪽)으로 모두 돌려서 후진한 후 다시 회전 방향(왼쪽)으로 돌려서 전진하면 됩니다.

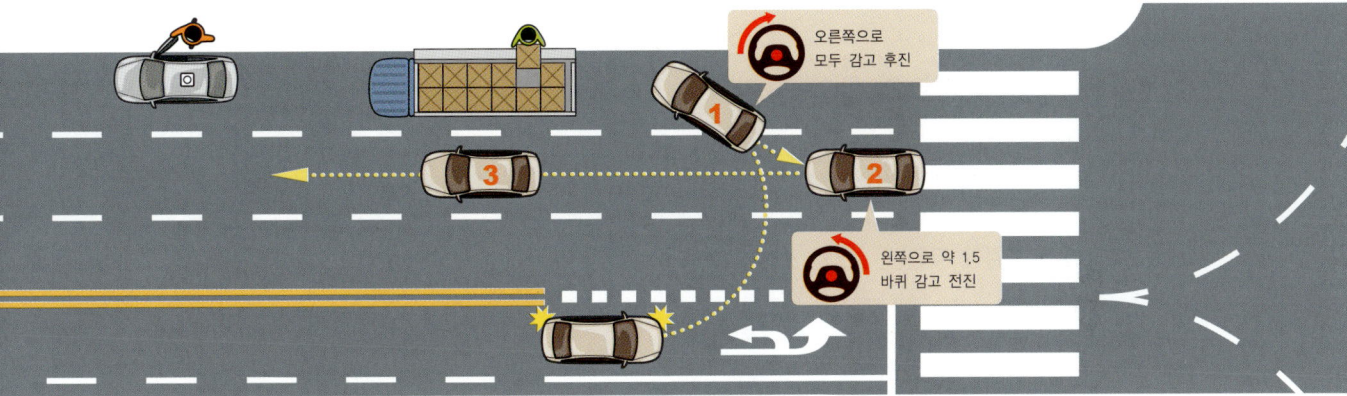

4 핸들을 풀어주기 시작

유턴이 끝날 무렵에는 핸들을 다시 원상태로 풀어줘야 하는데, 너무 늦게 핸들을 풀게 되면 자칫 차가 중앙선 쪽으로 침범하게 될 수도 있습니다. 중앙선 쪽으로 가지 않게 하려면 유턴이 마무리되기 전 45도 지점에서 핸들을 중앙으로 천천히 풀어주어야 합니다. 이때, 초보자는 억지로 핸들을 되돌리려고 애를 쓰다가 오히려 균형을 잃게 되죠! 하지만 전진하면서 커브를 돌 때는 핸들을 스치듯 살짝 놓아주기만 해도 무난하게 핸들을 중앙으로 원위치시킬 수 있습니다.

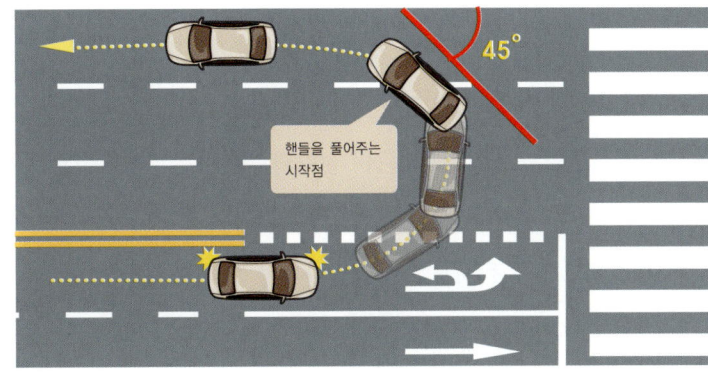

5 핸들을 모두 풀어주고 유턴 마무리

핸들을 모두 풀어주어 똑바로 진행하면서 교통의 흐름에 따라 속도를 조절합니다.

교차로 통행 방법

신호등 없는 교차로 통행하기

신호등 없는 교차로에도 통행 우선순위가 있습니다. 하지만 이를 머릿속으로 모두 계산하면서 운전하기는 사실상 어렵습니다. 차라리 먼저 양보하고 조금 늦게 가는 것이 가장 현명한 방법이라고 생각됩니다.

신호등 없는 교차로의 통행 방법

① 교차로 진입 전(교차로 정지 선상)에 일시 정지 또는 서행하여야 한다.
② 교차로 진입 전 좌우를 예의 주시, 교통 상황을 파악한다.
③ 통행 우선순위에 따라 진입, 안전하게 통행하여야 한다.

신호등 없는 교차로의 통행 순위

① 먼저 진입한 차량
② 동시에 진입했을 경우 통행 우선순위 차

    긴급자동차 ▷ 긴급자동차 외의 자동차 ▷ 원동기 장치 자전거 ▷ 그 밖의 차마

③ 동시 진입 시 넓은 도로에서 진입하는 차
④ 동시 진입 시 우측 도로에서 진입하는 차
⑤ 양보 표지판이 설치되었을 때는 다른 차에 통행 양보
⑥ 동시 진입 시 우회전 차가 좌회전 차보다 우선
⑦ 동시 진입 시 직진 차가 좌회전 차보다 우선
⑧ 일시 정지 표지판이 설치되었을 때는 일시 정지하고 다른 차의 진행 방해 금지
⑨ 적색 등화 점멸 시 일시 정지하고 다른 교통에 주의하면서 진행

알아두세요! 과태료 VS 범칙금

교통법규 위반으로 적발됐을 때 과태료 또는 범칙금을 부과받게 되는데, 그 차이점을 알아봅시다.

과태료란?

과태료는 주차 단속, 무인 단속, 감시카메라 등에 의해 단속되어 누가 운전을 했는지 확인되지 않았을 때 차량 소유주에게 나오는 벌금입니다. 차량 소유자에게 차량 관리의 책임만을 물어 부과하는 벌금이기 때문에 벌점은 추가되지 않습니다. 대신 범칙금에 비해 벌금이 많습니다. 예전에 과태료는 늦게 내더라도 가산금이 없었기 때문에 내지 않고 버티다가 차를 팔거나 폐차할 때 한꺼번에 납부하는 경우가 많았습니다. 하지만 그런 결점을 보완하여 2008. 6. 22부터는 과태료 미납 가산금 5% 및 중 가산금 60개월까지 매월 1.2%가 부과되고 있어서 예전처럼 미납하다가는 내야 할 돈이 더 많아지게 됩니다(2005년 과태료 징수율을 높이기 위해 체납자 가산금 입법 예고, 2008년 과태료 가산금 법안 시행). 한편 교통 법규 위반 사실 통지서가 날아왔을 때 경찰서에 출두해서 운전자가 누군지를 밝힌다면 운전자에게 과태료가 아닌 범칙금을 부과하게 됩니다.

범칙금이란?

범칙금은 안전띠 미착용, 신호 위반 등으로 교통경찰관에게 직접 단속되거나 무인 단속에 의해 걸렸어도 경찰서에 방문해서 누가 운전을 했는지 확인을 시키는 경우에 부과되는 벌금입니다. 운전자가 누구인지 알기 때문에 차량 소유주와 관계없이 운전을 한 사람에게 직접 벌금이 부과되며, 위반의 경중에 따라 벌점이 추가될 수도 있습니다. 벌점은 법규 위반 또는 사고 야기에 대하여 배정되는 점수를 말하는데, 누적된 점수에 따라서 면허정지나 면허취소를 당할 수 있습니다. 범칙금은 기한 내에 내지 않으면 가산금이 붙고, 그래도 납부하지 않으면 즉결심판에 회부되어 더 높은 벌금을 내야 합니다.

과태료와 범칙금에서 다음과 같은 세 가지의 사실을 알 수 있습니다.
❶ 무인 단속일 경우, 운전자는 과태료와 범칙금 중 선택할 수 있다. (운전자 자진신고 여부)
❷ 범칙금은 과태료에 비해 벌금이 적은 대신 벌점이 부과될 수 있다.
❸ 범칙금은 기한 내 내지 않으면 가산금뿐 아니라 더 많은 벌금을 내야 한다.
　　(단, 2008년 이후부터 과태료도 가산금 부과)

알아두세요! 과태료 VS 범칙금

과태료와 범칙금 납부 순서

비디오, 카메라등 무인단속	경찰이 현장에서 직접 단속
운전자가 밝혀지지 않는 단속	운전자가 밝혀지는 단속

↓

차주에게 **위반사실 통지서** 발송

과태료가 좋을까? 범칙금이 좋을까?

↓ ↓

별점을 받지 않으려면	벌금을 적게 받으려면
벌점이 없는 과태료 납부 고지서가 나올때까지 기다리릴 것	경찰서에 본인확인진술을 하여 **벌금이 적은 범칙금**을 **발부 받을 것**

오른쪽: 현장에서 **범칙금 스티커** 발부
위반의 정도에 따라 벌점이 있을 수도 있고 없을 수도 있음.

과태료 납부

범칙금 납부
+ 위반에 따라 벌점부과

과태료를 납부하지 않으면?
- **1차** 과태료 통지서 재발부되어 등기 우송 (독촉및 차량압류 예고장으로 명기)
- **2차** 재발부된 과태료 미납시 압류 사실을 개인에게 고지
- **3차** 경고장 발부
- **4차** 최종 압류등록 시행. 자동차가 압류등록되면 중고로 처분하거나 폐차할 때 결국 그 벌금을 물어야만 한다.

과태료를 납부하지 않으면?
- **1차** 범칙금 10일 이내 미납시 범칙금 납부기한 20일 연장, 20% 가산납부
- **2차** 연장기간내 미납부시 즉결심판 회부(60일 이내)
- **3차** 즉심받지않으면 운전면허정지 40일

이젠 돌아가고 싶을 일이 없겠죠?

STEP 4

업그레이드
운전실력

업그레이드 병아리!!!

Lesson 1 차선 변경 공식

초보자를 괴롭히는 것 중에서 차선 변경을 빼놓을 수 없죠. 차선 변경을 하지 못해서 서울에서 부산까지 갔다는 우스갯소리도 있습니다만, 실제로 제가 만난 한 초보자도 비슷한 경험을 했다고 하더군요. 이 초보자는 면허를 따고 처음으로 차를 몰고 자기 동네의 백화점에 가려고 했습니다. '이 정도쯤이야~!' 싶은 마음에 무작정 거리로 나간 거죠. 그런데 잘 아는 길이었지만 다른 차에 휩쓸리다 보니 엉뚱한 길로 빠져버렸습니다. 처음에는 '그냥 다음 사거리에서 돌아오면 되겠지…….'하고 대수롭지 않게 생각했는데 차선 변경을 시도할 때마다 번번이 뒤에서 '빵빵' 거려서 무섭고, 그렇다고 사이드미러를 보자니 앞을 못 봐서 사고 날까 봐 겁이 나더랍니다. 계속 직진할 수 밖에 없었다고 하더군요. 결국 어딘지도 모르는 한산한 외곽 지역에 와서야 겨우 갓길에 차를 세우고 지인에게 긴급 구조요청을 할 수 있었고, 그제야 '서울에서 부산'이 농담만은 아니라는 걸 알았다고 합니다. 이쯤 되면 누구나 차선 변경 방법이 절실히 필요하다는 생각을 하게 됩니다. 하지만 차선 변경을 제대로 설명해 주는 사람을 찾기란 쉽지않습니다. 그저 "부딪히지 않게 조심히 들어가 봐!", "사이드미러를 잘 보고 차가 없는지 확인해야지!" 하는 식의 즉흥적인 설명이 대부분이죠. 이런 주먹구구식의 설명만으로 초보자가 차선 변경을 제대로 하길 바라는 것은 황당한 일이 아닐 수 없습니다. 여러분의 사이드미러 판단 능력은 과연 어느 정도인지 테스트 한번 하고 넘어갈까요?

〈문제〉 아래 사이드미러 중 뒤 차가 모두 같은 속도라고 했을 때 차선 변경 시 가장 주의해야 할 차는?

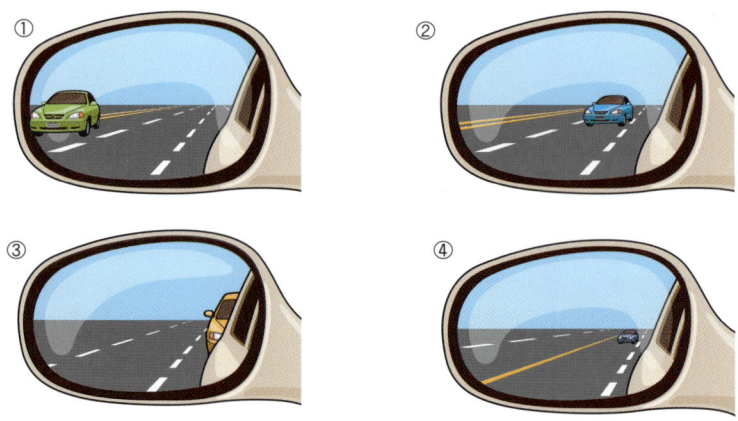

답을 쉽게 찾으셨나요? 1번, 3번은 우리가 변경하고자 하는 바로 옆 차선이 아니기 때문에 차선 변경 때 크게 주의하지 않아도 됩니다. 4번은 거리가 멀기 때문에 여유가 충분히 있습니다. 그래서 정답은 2번입니다.

과연 어떻게 해야 이런 식으로 차선 변경을 정리할 수 있는지 지금부터 좀 더 자세히 알아보도록 하겠습니다. 먼저 사이드미러를 판단하는 세 가지 요소가 있습니다. 바로 뒤에 오는 차의 차로 판단, 속도 판단, 거리 판단이 그것이죠! 뒤 차가 어느 차로에 있는지, 속도가 얼마나 빠른지, 내 차로부터 얼마나 멀리 떨어져 있는지를 알아야 자신 있게 차선 변경을 할 수 있는 것입니다. 초보운전자는 그런 판단 능력이 없기 때문에 아무리 사이드미러를 쳐다봐도 저 차가 어디에 있고 내 차와는 얼마나 떨어져 있는지 알 수가 없는 것입니다. 지금부터 설명하는 차선 변경 공식만 잘 익힌다면 사이드미러를 명확하게 분석할 수 있고 차선 변경에도 자신이 생길 겁니다. 그럼 시작해 볼까요?

차선 변경 공식

01 ● 차로 판단 자기 차로와 옆 차로 판단하기

차선 변경을 하기 위해서는 뒤에 보이는 차가 내 차와 같은 차로에 있는지 아니면 내가 차선 변경할 옆 차로에 있는지 구분을 할 수 있어야 합니다. 운전자 바로 왼쪽에 있는 1번 차선을 기준으로 안쪽은 내 차량과 같은 차로이고 바깥쪽은 내 옆 차로임을 알 수 있습니다. 뒤 차가 나와 같은 차로에서 달려온다면 차선 변경에 지장이 없지만 내가 차선 변경해야 할 차로에서 달려온다면 차선 변경 시 주의해야겠죠? 즉, 사이드미러의 노란 지역에서 달려오는 차가 있다면 차선 변경 시 그 차를 주의해야 하지만 회색 지역에서만 차가 달려온다면 부담 없이 편하게 차선 변경을 해도 된다는 것입니다. 그중에서도 가장 조심해야 할 차량은 1번 차선과 2번 차선 사이, 즉 내 바로 옆 차선의 차량이겠죠.

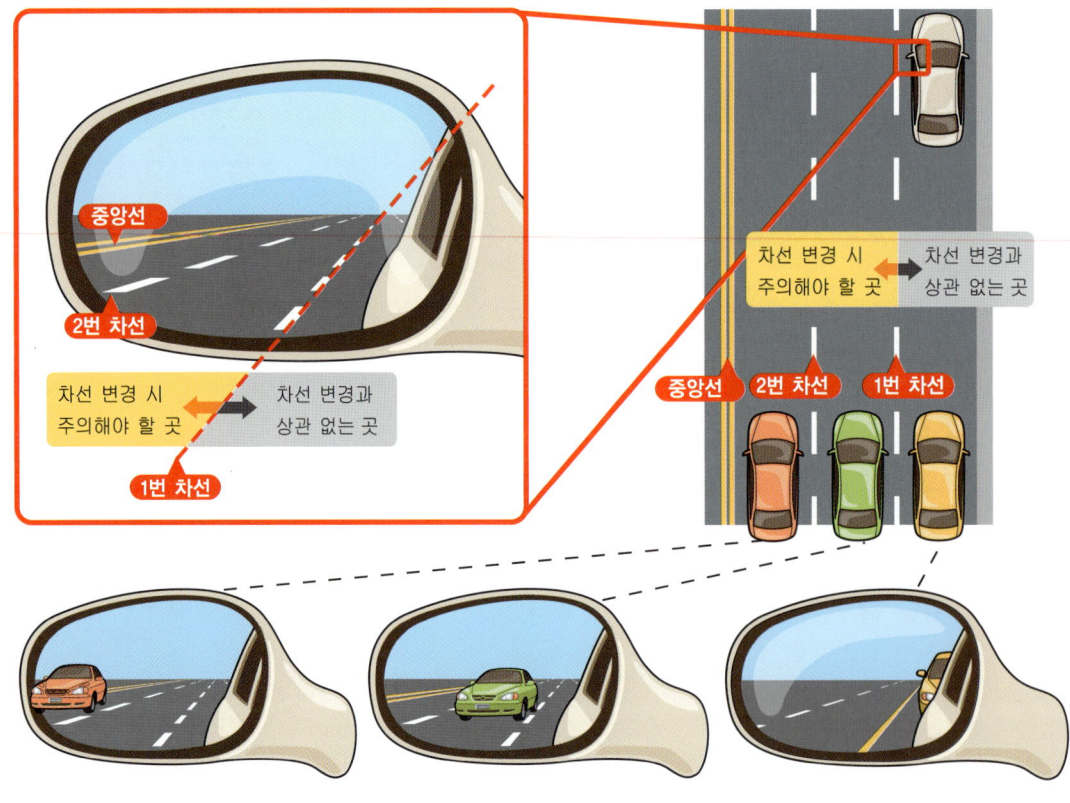

(가장 주의해야 할 차)

STEP4 | LESSON1 | 02

속도 판단 내 차가 빠를까, 뒤 차가 빠를까?

사이드미러에 보이는 차가 내 차와 멀리 떨어져 있다고 해도 빠른 속도로 달려오고 있다면 금세 따라붙어서 내 차를 추돌할 수도 있습니다. 그 때문에 뒤 차가 얼마나 빨리 달려오고 있는지도 파악할 수 있어야 합니다. 속도를 판단하는 방법은 간단합니다. 뒤 차가 작아지고 사이드미러의 안쪽으로 이동하면 내 차보다 뒤 차가 느린 것이고, 반대로 뒤 차가 커지고 바깥쪽으로 이동하면 뒤 차의 속도가 더 빠른 것입니다.

뒤 차가 느리면? 뒤 차가 작아지고 안쪽으로 이동

뒤 차가 빠르면? 뒤 차가 커지고 바깥쪽으로 이동

차선 변경을 할 때는 속도를 내세요!

차선 변경할 때 앞에 특별한 장애물이 없다면 속도를 더 내면서 들어가세요! 그래야 안전하고 쉽게 차선 변경을 할 수 있습니다. 보통 초보운전자가 차선 변경을 할 때는 조심하려는 마음에 속도를 줄이는 경향이 있습니다. 그러나 속도를 줄인 만큼 뒤 차에 추월당하게 되고 결국 차선 변경의 기회는 줄어들게 된답니다. 게다가 뒤 차들은 어정쩡한 앞차의 움직임 때문에 진로를 방해받는 것 같아 언짢게 생각할 수도 있습니다.

차선 변경 공식

속도를 내면서 비스듬히 차선 변경

뒤 차가 빠르면 먼저 보내 주고 속도를 내며 따라 들어가세요!

만약 차선 변경을 하려고 하는데 뒤 차의 속도가 빠르다면 뒤 차를 먼저 보내 준 다음 다시 속도를 내며 따라 들어가세요. 하지만 이때 뒤 차가 일부러 속도를 줄여 주는 상황이라면 양보의 의사가 있는 것이므로 살짝 속도를 내면서 비스듬히 차선 변경을 하면 됩니다. '뒤 차를 앞질러 갈 것이냐, 뒤따라 갈 것이냐!' 하는 판단이야말로 모든 차선 변경의 가장 기본이요 핵심적인 요소라고 할 수 있습니다.

뒤 차 먼저 보내 준 뒤, 따라 들어가듯 차선 변경

STEP4 | LESSON1 | 03

거리 판단 가깝고 먼 거리 판단하기

사이드미러를 보고 어떤 차가 내 차와 가깝고, 어떤 차가 내 차와 멀리 있는지도 구분할 수 있어야겠죠? 뒤 차와 내 차의 거리는 첫째 사이드미러 상의 뒤 차 **위치**, 둘째 사이드미러 상의 뒤 차 **크기**로 알 수 있답니다.

첫째, 뒤 차 위치부터 알아보도록 하겠습니다. 뒤 차가 사이드미러 바깥쪽에 보인다면 내 차와 가까운 거리에 있는 것이고, 사이드미러 안쪽에 보인다면 내 차와 멀리 떨어져 있는 것입니다. 따라서 차선 변경은 뒤 차가 내 차에 가까이(안쪽) 있을수록 유리해진다는 결론이 나옵니다.

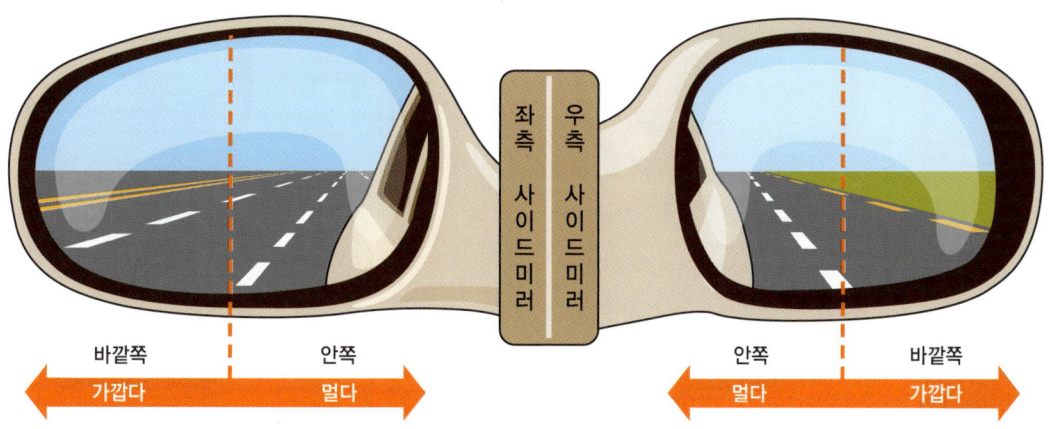

둘째, 뒤 차의 크기로 구분하는 방법입니다. 뒤 차의 크기가 크면 내 차와 가깝게 붙어 있는 차이고, 뒤 차가 작으면 내 차와 거리가 멀리 떨어져 있는 차입니다. 따라서 차선 변경은 뒤 차 크기가 작아 보일수록 유리하다는 결론이 나옵니다. 정말 그런지 눈으로도 확인을 해봐야겠죠~? 구체적으로 여러분의 이해를 돕기 위해 거리판단분석표를 보여 드리도록 하겠습니다.

병아리 차선 변경 공식

[거리판단 분석표]

본 자료는 실측을 통해 제작되었습니다.

뒤 차 크기에 따른 거리 관계	왼쪽 사이드미러	실제 거리	오른쪽 사이드미러
가까운 거리 (커진다) ↑			
엽서 크기 (0M)		0m	
명함 크기 (5M)		5m	
(15M)		15m	
(25M)		25m	
(50M)		50m 이상	
먼거리 (작아진다) ↓			

122

거리판단분석표에서 볼 수 있듯이 차량의 크기가 클수록 내 차와 가까운 거리이고, 작을수록 먼 거리라는 것을 쉽게 확인할 수 있습니다.

그림 상에서 **A** 차의 양옆에 검은색으로 표시된 구간은 사이드미러와 운전자의 시야에서 벗어나서 보이지 않는 사각지대입니다. 그래서 흰색 차량을 유심히 보시면 사각지대로 들어간 만큼 사이드미러의 바깥쪽으로 잘려 나간 듯 보이지 않는 것을 확인할 수 있습니다. 차선 변경할 때는 특히 이 구간을 주의해야겠죠? 거리판단분석표를 보면 뒤 차의 크기가 크고 바깥쪽에 있을수록 차선 변경이 불리하고, 반대로 크기가 작고 안쪽에 보일수록 차선 변경이 유리하다는 것을 알 수 있습니다. 머릿속에 그림을 이해하고 집어넣으세요! 그래야 뒤 차를 앞질러서 차선 변경할지, 아니면 뒤 차를 먼저 보내주고 따라 들어가듯 차선 변경할지를 비로소 쉽게 판단할 수 있게 됩니다.

차선 변경 공식

종합 판단 차선+속도+거리

아무런 기준도 없이 차선 변경을 하는 것과 판단 기준을 이해하고 있는 것과는 분명 차이가 있습니다. 그래서 지금부터는 사이드미러를 보면서 실제 도로에서 통행량에 따라 차선 변경을 판단하는 기준도 알아보겠습니다. 이 부분은 차선 변경의 핵심이 되는 사항이니 좀 더 집중해서 읽어 주세요! 차선 변경 공식이 여러분의 감각이라는 기묘한 판단력에 힘을 실어 줄 겁니다.

통행량에 따라 차선 변경을 판단하는 기준
도로의 통행량에 따라 다음과 같이 세 가지 유형으로 구분을 할 수 있습니다.
❶ 소통이 원활한 도로에서 차선 변경할 때
❷ 막히는 도로에서 차선 변경할 때
❸ 막히는 도로에서 원활한 도로 차선 변경할 때

이 중에서 가장 기본이 되는 것이 1번 원활한 도로이고, 나머지는 응용형이라고 생각하면 됩니다. 지금 설명하는 내용을 억지로 외우기보다는 왜 그렇게 되는지 이해하려고 해야 합니다. 도로 상황이 상대적으로 조금씩 달라질 수도 있고, 실전에서 일일이 비교하고 있을 수는 없으니까요. 공식은 폭이 3m인 도로에서 차량이 도로의 중앙을 달리고 있을 때를 기준으로 설명하고 있습니다. 만약 도로 폭이 다르거나 차가 도로의 중앙으로 달리고 있지 않다면 설명하는 것과 다소 차이가 있을 수도 있습니다.

❶ 소통이 원활한 도로에서 차선 변경할 때

60km의 빠른 속도로 달리는 교통 상황에서 차선 변경 판단 기준

 뒤 차가 사이드미러의 중앙이나 안쪽에 보이면 차선 변경 유리 ▷ 거리 약 15m 이상

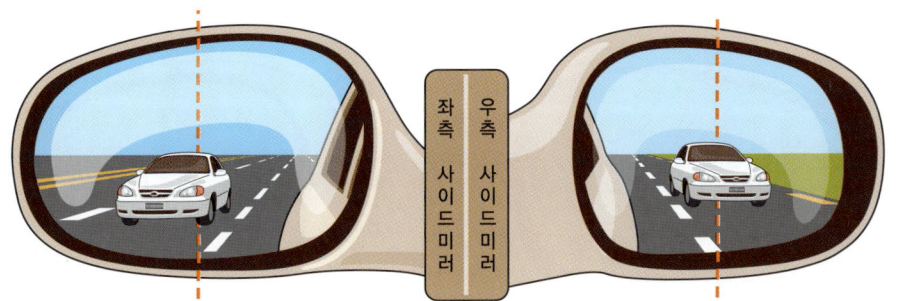

 뒤 차의 범퍼가 사이드미러의 바깥쪽에 보이면 차선 변경 주의 ▷ 거리 약 5~15m

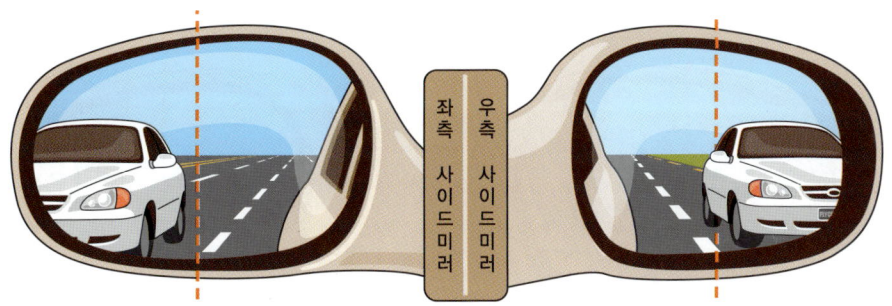

 뒤 차의 범퍼가 사각지대로 사라졌으면 차선 변경 불리 ▷ 거리 약 0~5m

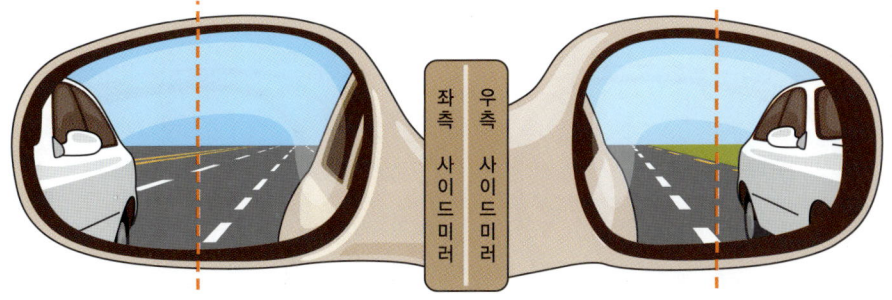

위 사이드미러를 보고 얼마큼 뒤 차가 떨어져 있는지 머릿속에 [거리판단분석표]를 그리면서 실제 거리를 짐작해 보세요!

병아리 차선 변경 공식

❷ 막히는 도로에서 차선 변경할 때

20km 이하의 느린 속도로 달리는 교통 상황에서 차선 변경 판단 기준

 뒤 차의 범퍼가 사이드미러 바깥쪽에 보이면 차선 변경 유리 ▷ 거리 약 5m 이상

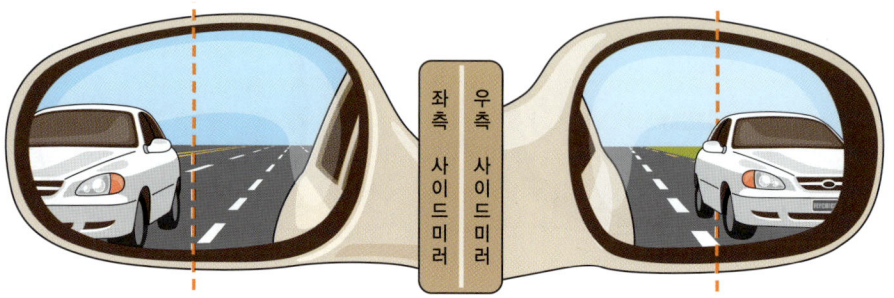

 뒤 차의 범퍼가 사각지대로 진입했으면 차선 변경 주의 ▷ 거리 약 0~5m

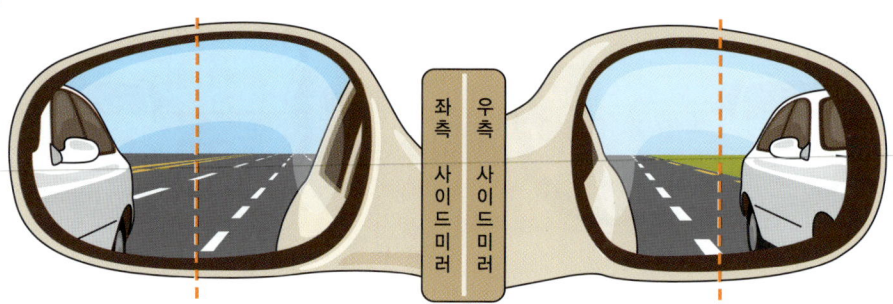

 뒤 차가 사각지대로 진입했으면 차선 변경 불리 ▷ 거리 약 0m 이하

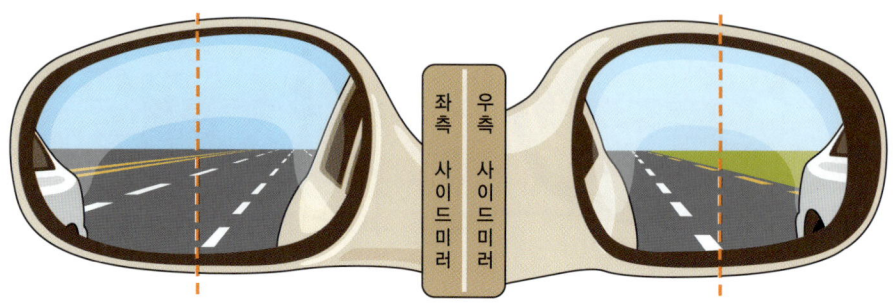

❸ 막히는 도로에서 원활한 도로 차선 변경할 때

내 차로는 20km 이하로 서행하는데 옆 차로는 60km로 빠르게 달릴 때 차선 변경 판단 기준

 뒤 차가 사이드미러 안쪽에 작게 보이면 차선 변경 유리 ▷ 거리 약 40m 이상

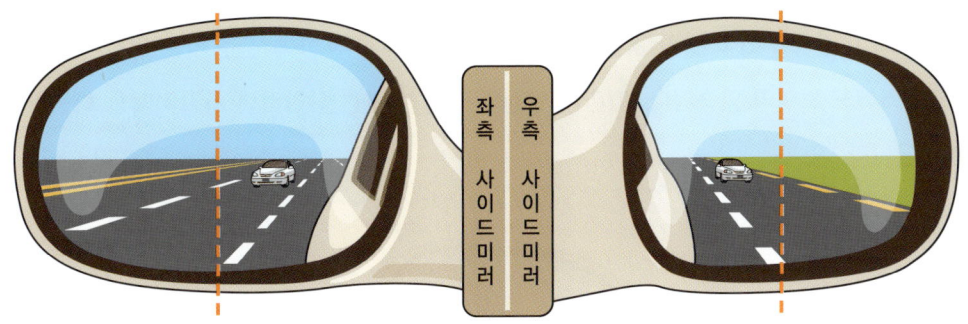

 뒤 차의 범퍼가 사이드미러 바깥쪽에 보이면 차선 변경 불리 ▷ 거리 약 20m 이하

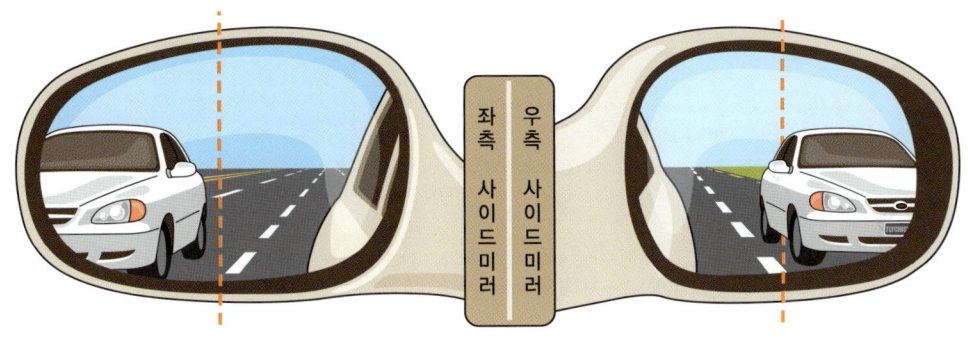

막히는 도로에서 원활한 도로로 차선을 변경할 때도 역시 뒤 차가 작게 보일수록, 또 차체에 가까울수록 차선 변경이 유리합니다. 그런데 원활한 도로의 뒤 차가 매우 빠른 속도로 달려오기 때문에 사이드미러 상에 뒤 차가 동전처럼 작게 보일 만큼 먼 거리를 확보해야 안전한 차선 변경이 가능합니다. 그뿐만 아니라 차선 변경을 시작했다면 신속하게 차선을 바꾸고 속도를 높여줘야 뒤 차와의 추돌 위험을 줄일 수 있습니다.

알아두세요! 사이드미러 사각지대

사이드미러 사각지대를 조심하세요!
여러분도 차선 변경을 하다가 한 번쯤은 '저 차가 없었는데 어디서 나왔지?'라며 깜짝 놀란 경험을 해본 적 있을 겁니다. 사이드미러를 봤을 때 눈에 보이지 않는 사각지대가 있기 때문인데, 그 위치는 의외로 운전자와 그리 멀지 않습니다. 운전자의 좌·우측 후방에 있는 차는 운전자의 시야에도, 사이드미러에도 보이지 않습니다. 따라서 안전하게 차선 변경을 하려면 사각지대를 확인할 줄도 알아야 한답니다.

사각지대에 진입되어 바로 옆에 있는데도 보이지 않음.

사각지대를 보려면 고개를 숙여서 사이드미러를 본다거나 고개를 옆으로 돌려서 직접 확인해야 합니다. 하지만 당장 앞도 보기 힘든 초보자들은 고개를 숙이거나 돌리다가 핸들이 덩달아 옆으로 돌아가서 위험해질 수도 있습니다. 때문에 처음부터 무리하게 사각지대를 확인하려고 하기보다는 실력에 따라 조금씩 시도해보는 것이 좋습니다. 무턱대고 한꺼번에 모든 것을 이루려는 욕심은 버려야 합니다. 만약 사각지대를 확인할 여유가 없는 상태에서 당장 차선 변경을 해야 한다면 가능한 사고가 나지 않도록 비스듬히 차선 변경을 시도하면 됩니다. 급격히 끼어들다가는 사고를 면하기 어렵습니다. 끼어드는 도중에 사각지대에 숨어 있던 차가 경적을 울리거나 옆으로 다가오는 느낌이 든다면, 예상했다는 듯 차분하게 핸들을 똑바로 한 뒤 옆 차를 보내주고 다시 차선 변경을 시도하면 됩니다.

| 비스듬히 차선 변경을 시도하다가 사각지대의 차가 나타나면?! | ▶ | 먼저 핸들을 똑바로 해서 뒤 차를 보내준 다음, | ▶ | 다시 차선 변경을 시도한다. |

'대충 끼어들어도 뒤 차가 알아서 비켜주던데요?' 하면서 사각지대를 가볍게 생각하는 사람도 있더군요. 물론 뒤 차도 끼어드는 차를 주시하고 있기 때문에 사각지대를 보지 못했다고 항상 사고가 나는 것은 아닙니다. 하지만 분명히 사고 가능성이 높아진다는 것은 잊지 말아야 할 사실입니다. 사각지대 사고는 아래와 같은 두 가지 양상으로 벌어지게 됩니다.

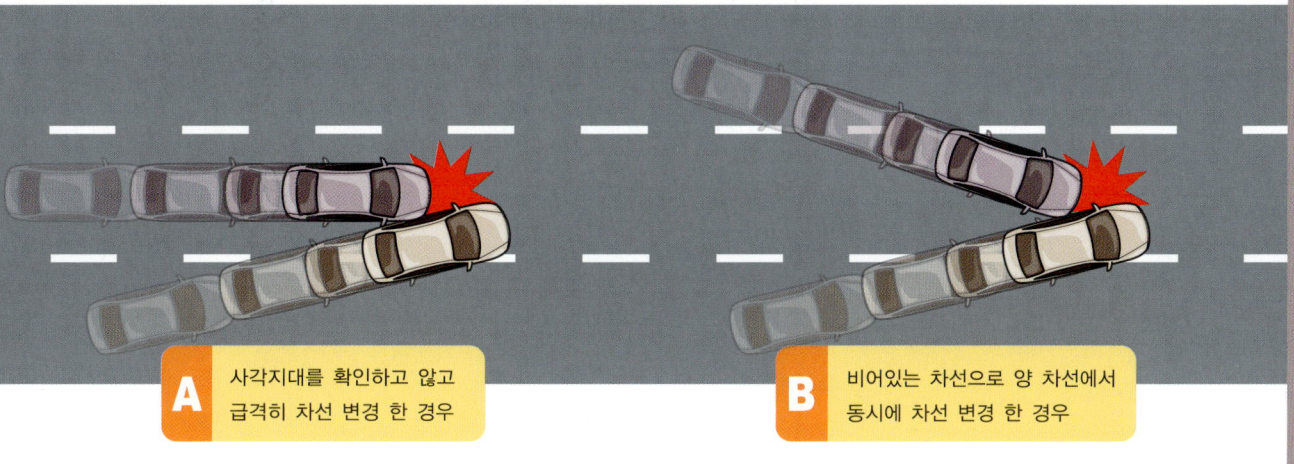

A 사각지대를 확인하고 않고 급격히 차선 변경 한 경우

B 비어있는 차선으로 양 차선에서 동시에 차선 변경 한 경우

Lesson 2 실천! 차선 변경

차선 변경 공식이 잘 이해되셨나요? 그럼, 지금까지 익힌 공식을 토대로 실전처럼 차선 변경을 시도해 보도록 하겠습니다. 실제 여러분이 차선 변경을 한다고 생각하면서 읽어보시기 바랍니다.

 **원활한 도로에서 차선 변경 하기**

시속 60km로 달리는 원활한 도로에서 차선 변경을 해봅시다. 가장 일반적인 상황에서의 차선 변경이라고 할 수 있겠죠! 방금 익혔던 차선 변경 공식을 염두에 두시기 바랍니다.

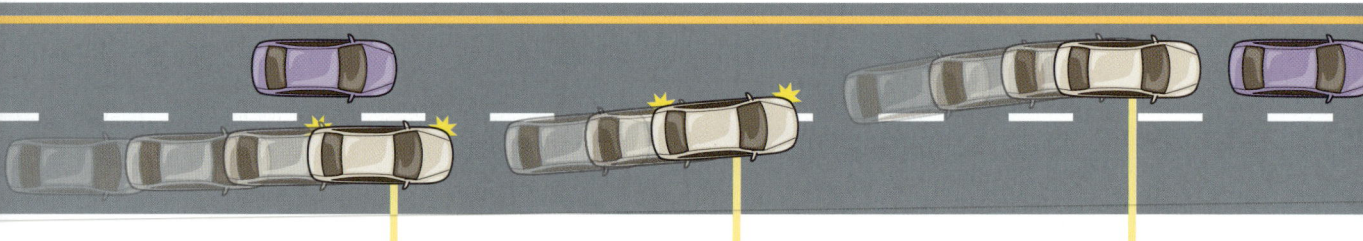

1 깜박이를 켜고 차를 옆 차선에 붙여주면서 차선 변경 기회를 노린다.

2 기회가 오면 비스듬히 옆 차로로 넘어간다.

3 차선을 완전히 넘어가고 교통 흐름에 맞춰 정상 주행을 한다.

1 깜빡이를 켜고 차를 옆 차선에 붙여주면서 차선 변경 기회를 노린다.

차선 변경을 하려면 먼저 깜빡이를 켜서 내 차의 진로를 다른 차에 미리 알려주세요. 깜빡이를 켜면 뒤 차가 오히려 끼워주지 않을 거라 생각하고 켜지 않거나, 차선을 넘어가면서 뒤늦게 켜는 운전자가 많습니다만 안전상 좋지 않습니다. 깜빡이를 켰다면 사이드미러를 보면서 차선 변경할 차로를 살핍니다. 이때 앞차와의 안전거리를 충분히 띄워서 운전자가 사이드미러를 보는 동안 앞차가 멈추더라도 부딪히지 않도록 해야 합니다. 사이드미러는 1~2초 이내로 쳐다보고, 한 번에 파악이 안 될 때는 전방의 안전을 확인하면서 2~3회에 걸쳐서 보세요!

사이드미러를 보니 2번 차가 중앙에 보입니다. 이 정도면 끼어들 수 있을 것 같죠? 핸들을 서서히 돌려서 비스듬히 진입하려는데 갑자기 왼쪽에 정체불명의 덩어리가 다가오는 기운이 느껴집니다. 1번 차가 사각지대에 숨어 있었나 보군요! 사각지대를 확인하지 않았다가 1번 차와 부딪힐 뻔했습니다. 놀라기는 했습니다만 다행히 비스듬히 들어갔기 때문에 부딪히기 전에 눈치를 챌 수 있었습니다. 이때 초보자들은 당황한 나머지 핸들을 '홱~!' 돌려버리는데, 그러면 안 된다는 거 아시죠? 그냥 별일 아니라는 듯 시치미 뚝 떼고 서서히 핸들을 제자리로 되돌리세요!

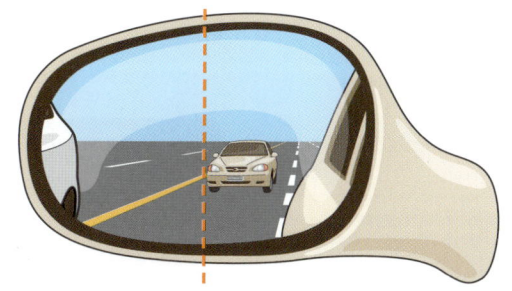

사각지대에 숨어 있던 차 발견

사각지대에서 1번 차가 튀어나왔다고 해서 다시 내 차선으로 완전히 돌아갈 필요는 없습니다. 침착하게 옆 차선에 가까이 차를 붙여서 다음 기회를 계속 노려야 합니다. 그런데 우리가 정신을 가다듬는 사이 1번 차는 이미 우리 앞으로 넘어갔고 2번 차가 사이드미러 바깥쪽으로 이동하고 있군요. 보아하니 끼워주기 싫어서 빠르게 달려오는 것 같습니다.

차체를 똑바로 하되 다음 차선 변경이 유리하도록 옆 차선에 붙여둠

이미 2번 차의 앞부분은 사이드미러 바깥쪽으로 점점 사각지대로 사라지고 있습니다. 지금 끼어들기는 좀 어려워 보이죠! 기회는 많으니까 무리하지 말고 2번 차를 먼저 보내줍시다. 만약, 우리 차의 속도를 2번 차보다 빠르게 한다면 이런 상황에서도 차선 변경을 할 수는 있습니다만 차선 변경 내공을 좀 더 쌓은 후에 시도하기로 하죠!

2번 차가 점점 사각지대로 사라지고 있음

이제 우리는 2번 차를 앞으로 보내고 3번 차 앞에 서 있습니다. 3번 차가 사이드미러에 보이죠? 지금 차선 변경을 시도해야겠습니다. 핸들을 천천히 돌리면서 2번 차 뒤를 따라 들어가듯이 비스듬히 차선을 점유해야 합니다. 이때, 속도를 살짝 내면 차선 변경이 수월해집니다. 반대로 속도를 내지 않으면 파란 차는 우리 차 때문에 일부러 속도를 줄여야 하므로 진로를 방해받는다는 생각에 더욱 양보하기 싫어질 수 있습니다. 3번 차가 양보하기 싫다면 속도를 내서 우리를 추월하려 할 것이고, 그러면 차선 변경하기는 더 어려워질 겁니다.

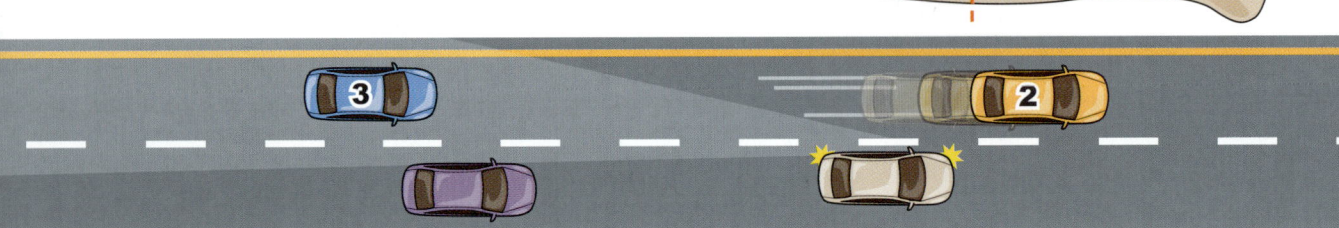

STEP4 | LESSON2 | 01

아니나 다를까 3번 차가 경주라도 하는 듯 속도를 내면서 양보하지 않을 태세입니다. 우리가 파란 차보다 빠르게 속도를 내고 싶어도 지나간 2번 차와의 간격이 좁아지기 때문에 안 되겠군요! 다음 기회를 봐야 하겠습니다. 역시 급격하게 핸들을 원래 차선으로 되돌릴 필요는 없습니다. 계속 차선 변경이 유리하게 왼쪽으로 차를 붙여두세요.

3번 차, 양보하지 않으려고 포물선을 그리면서 속도를 내는 중

여유 간격 확보

이제는 4번 차가 사이드미러 중앙에 보입니다. 옆쪽을 확인해 보니 사각지대도 안전합니다. 4번 차 앞으로 차선 변경을 다시 시도해 볼까요?

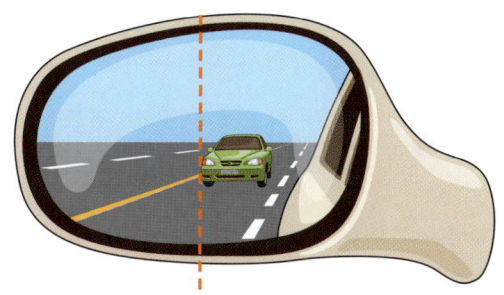

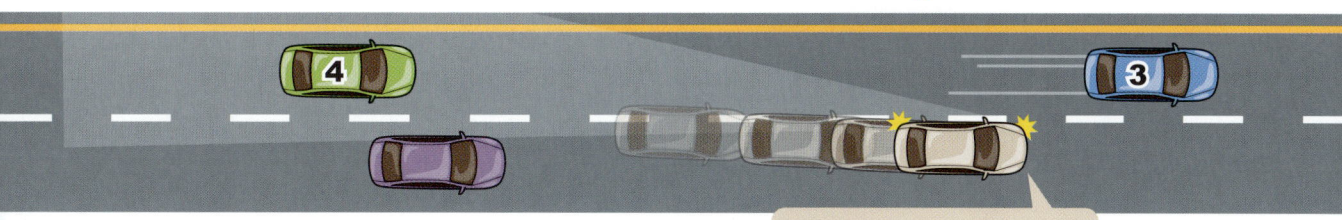

차체를 똑바로 하되 다음 차선 변경이 유리하도록 옆 차선에 붙여둠

2 차선 변경 기회가 오면 속도를 내면서 비스듬히 옆 차로로 넘어간다.

속도를 살짝 내면서 앞에 가는 3번 차 뒤를 따라서 들어간다 생각하고 비스듬히 들어갑니다. 속도가 빠르고 차간 거리가 넓기 때문에 핸들은 많이 돌려주지 않아도 됩니다. 들어가는 도중에 3번 차가 급정지할 수도 있으니 항상 브레이크를 밟을 준비는 하고 있어야 합니다.

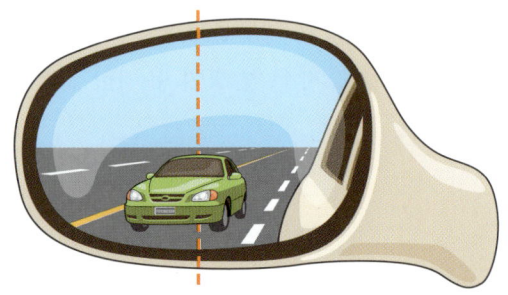

차선을 넘어가면서 사이드미러를 보니 4번 차가 점점 우리 차 뒤로 들어오고 있는 것이 보이죠? 이 정도면 차선 변경은 거의 성공한 것이나 다름없습니다.

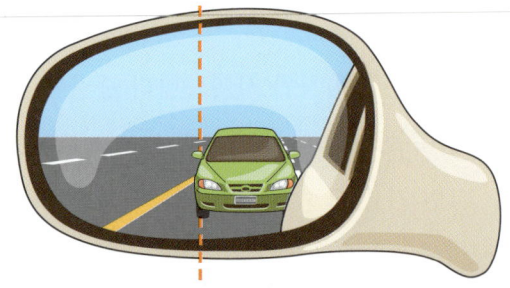

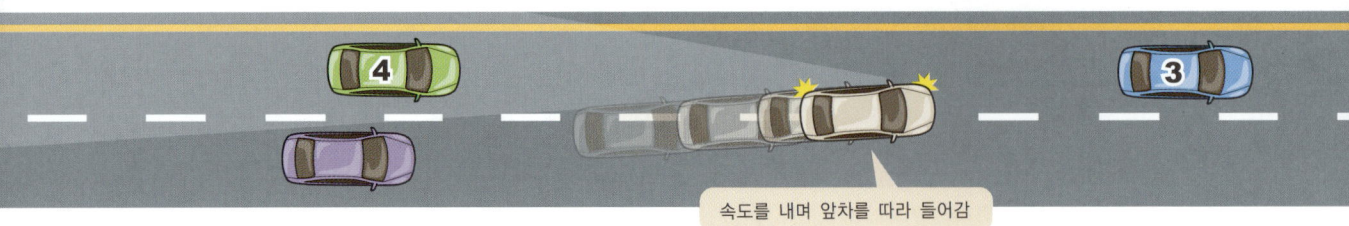

3 차선을 완전히 바꾸고 교통 흐름에 맞춰 정상 주행을 한다.

예상대로 무난하게 차선을 넘어왔습니다. 1번 선 안에 4번 차가 보이는 거로 봐서 같은 차로를 우리가 앞서서 달리고 있다는 것을 확인할 수 있습니다.

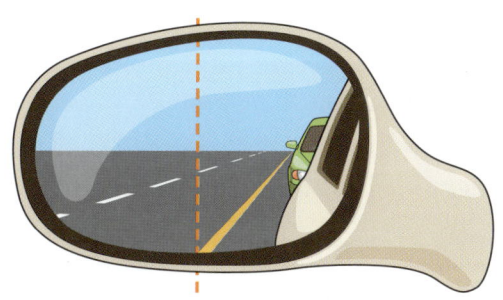

차체를 도로의 중앙으로 맞춤

이제부터는 뒤차보다 앞차에 신경을 써야 합니다. 차체가 차선과 나란하고 도로 중앙을 달리도록 핸들을 조정합니다. 마지막으로 깜빡이를 끄고 전방을 주시하면서 차량 흐름에 맞춰서 운전하면 됩니다.

앞차와 안전거리를 확보하고 교통의 흐름에 맞추어 주행

이렇게 느린 화면 보듯이 차선 변경을 해봤지만, 실제로 운전할 때는 좀 더 빠르게 생각하고, 행동해야 합니다. 또한, 초보자일수록 차선 변경에 이용되는 거리가 상당히 길어지기 때문에 이를 참작해서 교차로에 가까워지기 전에 한가한 곳에서 미리 차선 변경을 해두는 것이 좋습니다.

 실전! 차선 변경

막히는 도로에서 차선 변경 하기

20km 이하로 일정하게 서행하는 막히는 도로에서의 차선 변경입니다.

1 깜박이를 켜고 차를 옆 차선에 붙여주면서 차선 변경 기회를 노린다.

2 기회가 오면 좁은 공간에 끼어들 수 있도록 핸들을 돌리며 옆 차로로 넘어간다.

3 차선을 완전히 넘어가고 교통 흐름에 맞춰 정상 주행을 한다.

1 깜빡이를 켜고 차를 옆 차선에 붙여주면서 차선 변경 기회를 노린다.

먼저 깜빡이를 켜고 사이드미러를 보면서 차선 변경할 차로를 살핍니다. 역시 앞차와의 안전거리도 적당히 띄어두세요. 그런데 차량 간 간격이 좁다 보니 차선 변경할 만한 공간이 생기질 않죠! 실제로 1번 차가 바짝 따라오고 있어서 원활한 도로보다는 차선 변경이 어려워 보입니다. 하지만 공간이 좁은 대신 속도가 느리기 때문에 사이드미러의 바깥쪽에 뒤차의 범퍼가 조금이라도 보일 정도라면 차선 변경을 시도할 수 있습니다.

쉽게 끼어들 수 있도록 옆 차선에 붙여둠

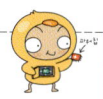

차를 붙이면서 끼어들기를 하려는 중에 1번 차가 속도를 내면서 우리 차를 가로막으려 하고 있습니다. 양보해 주기 싫은 모양이네요. 다음 기회를 노리면서 계속 차선 변경이 유리하게 왼쪽으로 차를 붙여둡시다. 조금씩 상대 차선을 점유하다가 기회가 생기면 바로 끼어들 수 있도록 말이죠! 설령 우리 차가 차선을 살짝 넘어가 있다 해도 서행을 하고 있기 때문에 1번 차와 부딪힐 가능성은 적습니다.

1번 차, 속도를 내며 양보하지 않음

이제는 1번 차와 2번 차 사이에 와 있습니다. 사이드미러를 보니 2번 차 범퍼가 거의 보이지 않는 걸 봐서 차선 변경이 쉽지는 않을 것 같습니다. 하지만 시도는 해봅시다! 끼어들 공간도 좁아서 원활한 도로보다는 핸들을 더 많이 돌려주면서 들어가야 합니다. 이때 2번 차가 양보하기 싫다면 속도를 낼 것이고 우리 차가 차선변경하기 어려워지게 됩니다. 반면 우리가 속도를 낸다면 차선 변경이 더 쉬워지겠죠? 하지만 앞차와 간격이 좁아서 맘껏 속도를 낼 수는 없습니다. 또 앞서가는 1번 차가 언제 정지할지도 모르니 언제든 브레이크를 밟을 준비는 하고 있어야 합니다.

1번 차를 보내주고 사이드미러를 보면서 상황을 주시함

2 기회가 오면 핸들을 돌려주며 옆 차로로 넘어간다.

공간이 좁은 만큼 핸들을 많이 돌리면서 들어가야 합니다. 차체가 방향을 튼 상태에서는 사이드미러가 엉뚱한 곳을 비추고 있기 때문에 직접 고개를 돌리고 2번 차를 주시해 주세요. 상황을 보니 2번 차가 포물선을 그리며 우리 차를 넘어가려 하고 있군요! 양보하기 싫은가 봅니다. 하지만 어쩔 수 없습니다. 우리도 갈 길을 가야 하니까요. 우리 차가 이미 차로의 4분의 1을 점유했기 때문에 2번 차가 무턱대고 우리를 추월할 수는 없을 겁니다. 여기서부터는 마치 끼어들 수 있느냐 없느냐를 실랑이하는 것 같은 양상입니다.

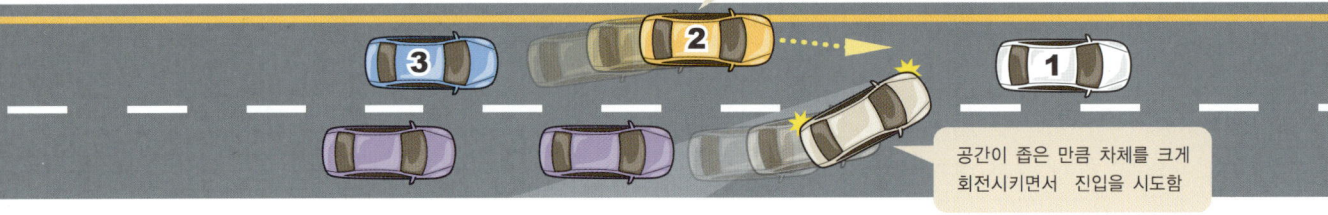

초보운전자는 보통 여기서 뒤 차와 부딪힐까 봐 차선 변경을 포기해 버리는 경우가 많습니다. 하지만 뒤차도 서행하면서 우리 차를 보고 있기 때문에 무턱대고 달려오지는 않습니다. 게다가 위치상으로 우리 차가 좀 더 앞쪽에 있기 때문에 기 싸움에서 승리할 가능성은 커집니다. 아무리 생각해도 무리다 싶으면 손을 창밖으로 내고 흔들면서 양해를 구하는 것도 좋은 방법입니다.

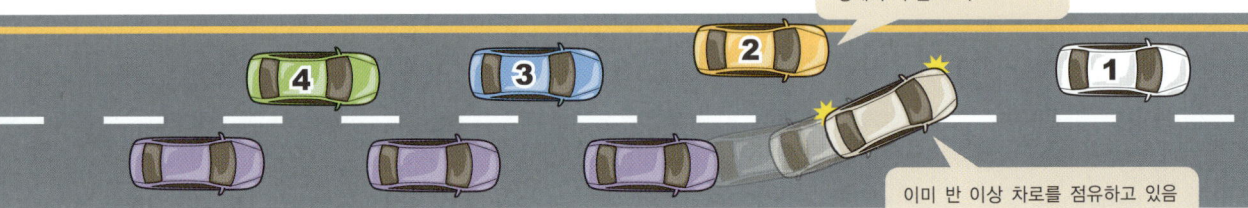

핸들을 좀 더 돌리면서 끼어들다 보니 이제는 거의 차로의 반을 점유했습니다. 뒤차도 우리 차를 넘지 못하고 어쩔 수 없이 양보해 줍니다. 이때 앞에 있는 1번 차가 급정지할지도 모르니 브레이크를 밟을 준비는 하고 있어야 합니다.

3 차선을 완전히 넘어가고 교통 흐름에 맞춰 정상 주행을 한다.

사이드미러의 1번 기준선 안에 2번 차가 보이는 걸 보니 우리 차와 같은 차로를 달리고 있는 걸 알 수 있습니다. 차선 변경이 거의 마무리된 것이죠. 이제부터는 뒤차보다는 앞차에 신경을 써야 합니다. 핸들을 차선과 나란하게 풀어주고 도로 중앙으로 차를 맞춰줍니다. 마지막으로 깜빡이를 끄고 전방을 주시하면서 속도를 조절합니다.

차체를 도로 중앙에 맞춘다.

차선 변경을 끝내서 좋긴 합니다만 진로를 방해받은 2번 차 운전자는 불편했을 겁니다. 만약 무리하게 차선 변경을 했다면 감사하다는 인사 표시로 비상등을 켜주는 것도 좋습니다.

뒤차에게 미안하다는 표시를 한다.

가다 서다를 반복하는 경우 | 벌어지는 공간을 포착하라!

끼어들어야 할 차로가 일정하게 서행하는 것이 아니라 가다 서다를 반복한다면 차선 변경이 더 어려워지는데, 이때는 멈췄던 앞차가 출발하는 사이 벌어지는 공간을 잘 비집고 들어가는 것이 포인트입니다.

역시 짧은 공간을 비집고 들어가야 하므로 핸들도 많이 꺾으며 방향을 크게 돌려줘야 합니다. 차체가 방향을 많이 돌리게 되면 사이드미러가 엉뚱한 곳을 비추기 때문에 이런 경우에는 직접 고개를 돌려서 뒤차를 확인해야 합니다.

차체가 완전히 차선을 넘어가면 핸들을 차선과 나란하게 풀어준 다음 깜빡이를 끄고 전방을 주시하면서 속도를 조절합니다. 이때도 진로를 양보해 준 뒤차에 감사하다는 표시로 비상등을 켜주세요!

STEP4 | LESSON2 | 03

막히는 도로에서 원활한 도로로 차선 변경 하기

20km 이하의 막히는 도로에서 60km로 달리는 원활한 도로로 차선 변경을 해보겠습니다.

1 깜박이를 켜고 차를 옆 차선에 붙여주면서 차선 변경 기회를 노린다.

2 기회가 오면 핸들을 돌려주며 신속하게 옆 차로로 넘어간다.

3 차선을 완전히 넘어가고 교통 흐름에 맞춰 정상 주행을 한다.

1 깜빡이를 켜고 차를 옆 차선에 붙여주면서 차선 변경 기회를 노린다.

막히는 도로에서 소통이 원활한 옆 차로로 차선 변경을 해야 할 때도 많죠! 이럴 때는 끼어들어야 할 차로의 속도가 빠르기 때문에 끼어들 수 있는 충분한 거리인지를 잘 판단해야 합니다. 차선 변경을 하려고 보니 사이드미러 바깥쪽에 1번 차가 열심히 달려오고 있습니다. 사이드미러의 안쪽에서 바깥쪽으로 빠르게 이동하는 것으로 보아 빠른 속도로 달려오고 있다는 걸 알 수 있죠! 이 정도 거리면 금방 추월당하기 때문에 당장 차선 변경은 어려울 것 같군요. 우선 1번 차를 보내주고 다음 기회를 봐야겠습니다.

1번 차를 보내고 나니, 2번 차가 달려오는 모습이 보입니다. 차가 점점 커지면서 사이드미러 바깥쪽으로 움직이는 걸 보니 역시 빠른 속도로 달려오는 것 같군요! 일단 안전하게 2번 차도 보내줍니다.

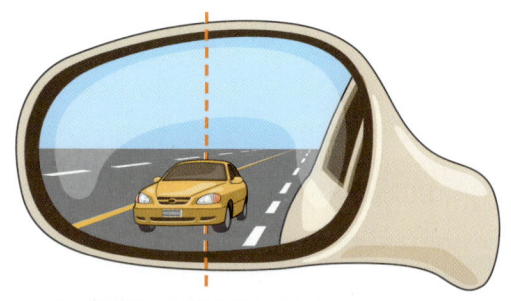

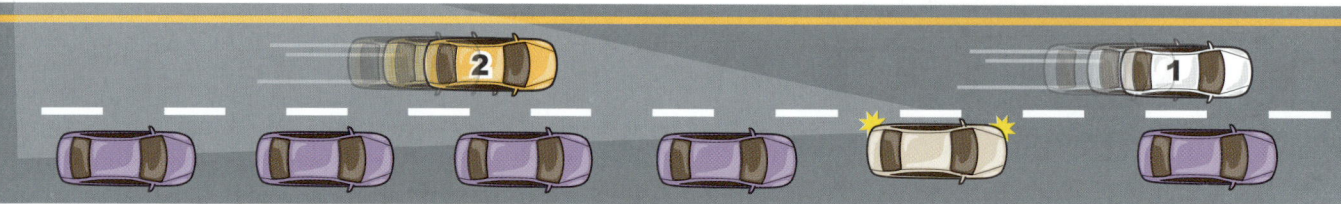

2 차선 변경 기회가 오면 핸들을 돌려주며 신속하게 옆 차로로 넘어간다.

이제 3번 차가 사이드미러 안쪽에 작게 보입니다. 이 정도면 끼어들 수 있을 것 같군요. 차선 변경을 결정했다면 신속하게 시도해야 합니다. 머뭇거리고만 있다가 늦게 들어가면 금방 뒤 차에 따라잡혀서 위험해질 테니까요.

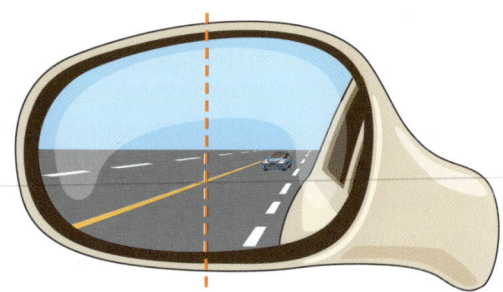

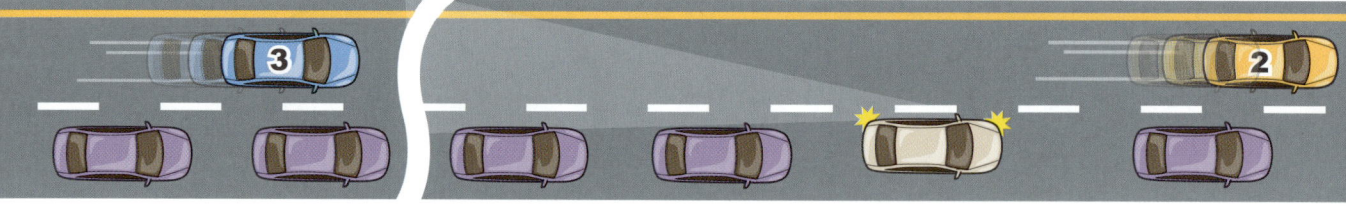

그런데 초보운전자는 차선 변경을 시도해야 하는데도 앞차의 뒤를 너무 바짝 따라붙는 경향이 있습니다. 그러면 차선 변경을 할 좋은 기회가 와도 자기 차의 앞부분이 앞차의 뒤 범퍼에 걸려서 기회를 놓치고 맙니다. 차선 변경을 할 거라면 언제든 핸들을 돌려서 방향을 틀 수 있도록 미리 앞차와의 간격을 충분히 벌려주세요. 또, 앞차와 거리를 벌렸다 하더라도 필요한 만큼 핸들을 돌려줘야 하는데, 마음만 급할 뿐 핸들은 충분히 돌리지 않고 전진하다가 앞차 뒤 범퍼에 가로막히는 실수가 잦으니 주의하세요!

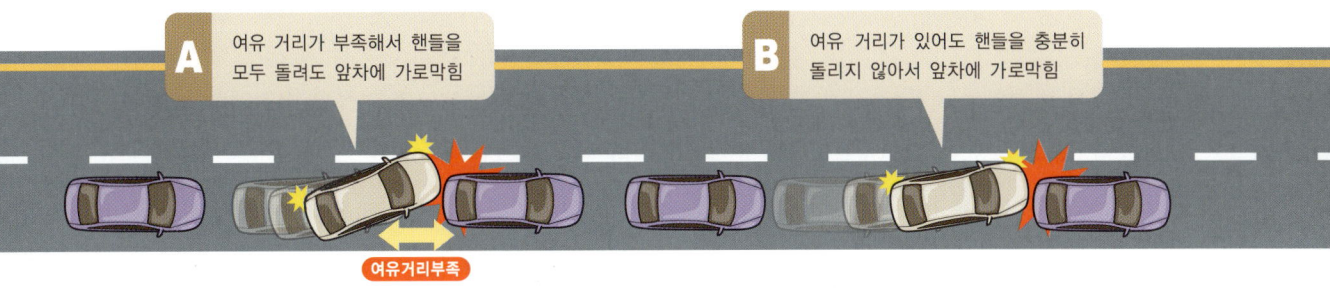

차선을 넘어가는 중에 3번 차를 확인할 때, 차체가 기울어져서 사이드미러가 엉뚱한 곳을 비추게 되므로 직접 고개를 돌려서 후방을 살펴야 합니다.

3 차선을 완전히 바꾸고 교통 흐름에 맞춰 정상 주행을 한다.

상대 차선을 점유했다면 핸들을 많이 돌렸던 만큼 곧바로 핸들을 풀어주면서 차선과 나란하게 전진해야 합니다. 현재 우리 차가 끼어드는 동안 3번 차는 속도를 줄이면서 우리 뒤를 바짝 따라오고 있군요! 속도를 내면서 차량 흐름에 맞춰주고 차선 변경을 마칩니다.

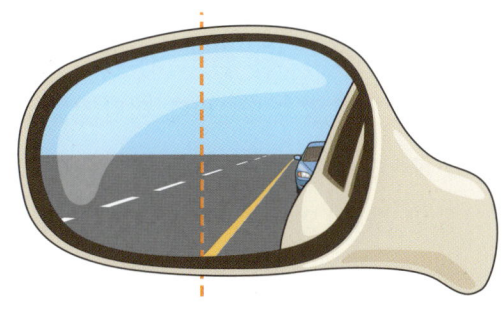

알아두세요! 차선 변경 사고 시 과실 비율

만약 차선 변경하는 차를 직진 차가 들이받아서 접촉 사고가 발생했다면 과실을 어떻게 나눌까요? 보통 사고에서 들이받은 쪽이 잘못이라고 생각하지만, 꼭 그런 것만은 아니랍니다. 차선 변경도 좋은 예죠. 보통 차선을 변경한 차량은 70%, 직진 차량은 30%의 과실로 나누게 됩니다. 차선 변경하는 차를 받은 직진 차보다 차선을 변경한 차의 과실을 크게 본다는 것이죠. 여기서 차선 변경하는 차가 깜빡이를 켜지 않았을 경우에는 차선 변경 차에 10%의 과실이 추가됩니다.

7:3 일반적인 차선 변경 사고

6:4 후방 추돌과 유사한 차선 변경 사고

또한, 차선 변경이 거의 끝나가는 차를 직진 차가 추돌했다고 해도 차선 변경을 한 차의 과실이 큰 것으로 보게 됩니다. 결국, 차선을 변경하는 차가 직진 차보다 불리하기 때문에 그만큼 더 조심해야 한다는 것을 알 수 있습니다. 이런 점을 이용하여 보험 사기를 치는 사람도 있습니다. 천천히 차선을 변경하는 차를 못 본 척 속도를 내서 받아버리고는 몸이 아프다며 보험처리를 요구하는 것이죠! 통상 큰 증상이 없더라도 병원에서 환자가 통증을 호소하면 기본적으로 2주 진단이 나올 수 있습니다.

04 차선 변경 도와주기

운전을 하다 보면 차선 변경을 하는 만큼 차선 변경을 도와줘야 할 때도 있습니다. 초보운전자는 안전거리를 넉넉히 두는 편이어서 차선 변경을 잘 도와주는 쪽에 속한다고 할 수 있겠군요. 하지만 교통의 흐름을 깨면서까지 항상 양보하고 다닐 수만은 없는 일입니다. 따라서 무조건 양보가 아니라 상황에 따라서 차선 변경을 어떻게 도와주는 것이 좋은지를 알아야 하겠습니다. 방법은 두 가지입니다. 내 차의 앞쪽에서 끼어들기를 해온다면 속도를 줄여서 양보하는 것이 안전합니다. 하지만 내 옆에서 무리하게 끼어들려고 하는 차라면 액셀을 살짝 밟고 앞질러서 뒤쪽으로 끼어들 공간을 만들어 주는 것도 방법입니다.

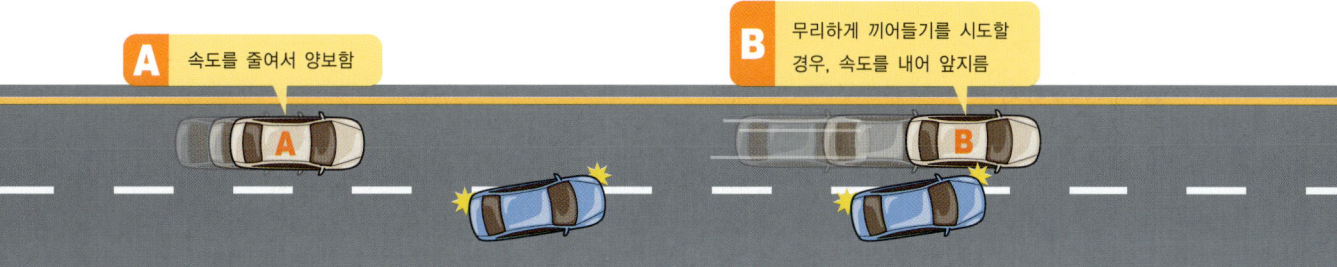

반사적으로 핸들을 급격히 돌리지 마세요!

무리하게 끼어들려고 하는 차도 많습니다. 틈만 있으면 끼어드는 차들 때문에 화들짝 놀라는 일이 앞으로 있을 겁니다. 보통 초보운전자는 이런 상황에서 겁먹고 반사적으로 핸들을 옆 차선으로 '확!' 돌려버리는 경향이 있는데, 옆 차와 부딪칠 위험이 있을 뿐만 아니라 사고가 나면 가해자가 된답니다. 여우 피하려다 범 만나는 꼴이죠! 무리하게 끼어드는 차와 부딪힐 것 같다면 먼저 브레이크를 밟아서 속도를 줄이고, 상황 판단과 동시에 핸들을 돌려주세요.

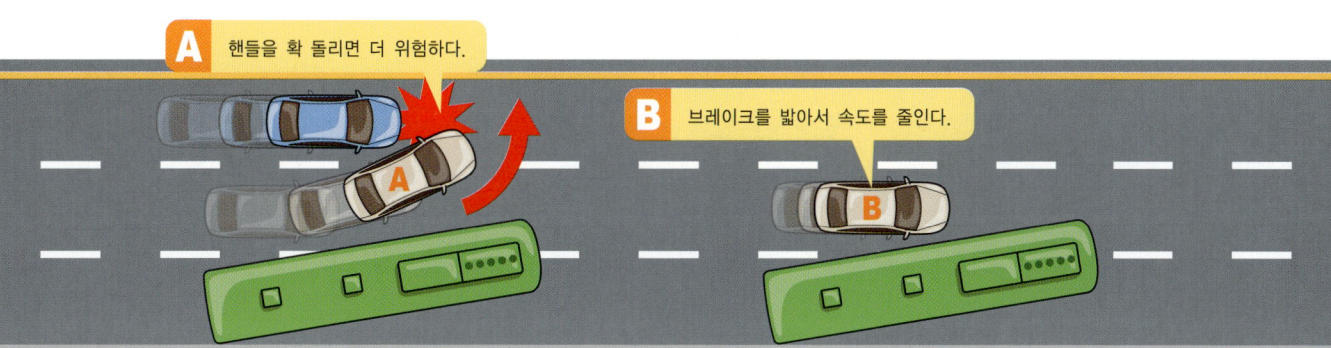

Lesson 3   고속도로 달리는 방법

YOU CAN FLY!

고속도로 주행도 빼놓을 수 없는 연수 코스입니다! 너무 위험하지 않냐고요? 운전에 방해가 되는 신호등이나 보행자 같은 장애물이 없기 때문에 막상 주행해 보면 걱정했던 것보다는 쉽다고 느끼게 될 겁니다. 게다가 뻥 뚫린 고속도로를 달리는 경험은 움츠려 있던 초보운전자에게 자신감을 심어주기도 한답니다. 그러나 속도가 빠른 만큼 대형 사고의 위험이 높다는 사실을 잊어서는 안 됩니다. 고속도로가 부담된다면 우선 한가한 자동차 전용 도로나 국도부터 연습해 보기 바랍니다.

기본 점검 사항

❶ 연료량 점검
고속도로는 빨리 달리는 만큼 연료도 빠르게 소모되기 때문에 생각이 났을 때 미리 연료를 채워둬야 합니다. 고속도로 휴게소마다 주유소가 있기 때문에 중간중간 주유할 수도 있습니다만, 차가 막히거나 주유를 깜빡하면 낭패를 볼 수도 있습니다.

❷ 타이어의 공기압 및 마모 상태 점검
타이어의 공기압이 낮거나 마모가 심한 상태에서 고속 주행을 하게 되면 스탠딩 웨이브 현상에 의해 타이어가 파열되어 대형 사고로 이어질 수도 있답니다. 고속주행을 할 때는 공기압을 적정 기준치보다 5~10% 정도 높여서 스탠딩 웨이브를 방지해 주세요.

❸ 각종 오일 및 냉각수 점검
자가운전자라면 보닛을 열고 각종 오일이나 냉각수가 정상인지 정도는 파악할 수 있어야 합니다.

> **CHECK**
>
> **스탠딩웨이브(Standing wave)란?** 자동차가 고속으로 주행했을 때 타이어의 접지면에 주름이 생겨서 파도치듯 결이 되어 남는 현상으로 심할 경우 타이어가 파열될 수도 있음

01. 고속도로 진입하기

먼저 고속도로 위에서 헤매지 않도록 지도를 보고 가고자 하는 코스를 확인합니다. 고속도로 진입 방법은 차선 변경을 그대로 적용하면 되는데, 고속도로의 특성상 차의 속도가 빠르기 때문에 가속차로에서 충분히 속도를 만들어 주는 것이 더 중요하답니다. 또한 진입하면서 고속도로의 상황을 사이드미러로만 확인하는 것이 아니라 직접 고개를 돌려서 확인하는 것이 안전합니다. 고속도로는 진입로가 꽤 긴 편이어서 여유 있게 차선 변경이 가능합니다. 고속도로보다 제한 속도가 약간 낮은 자동차 전용 도로는 진입로가 매우 짧은 경우도 많으니 더욱 주의해주시기를 바랍니다.

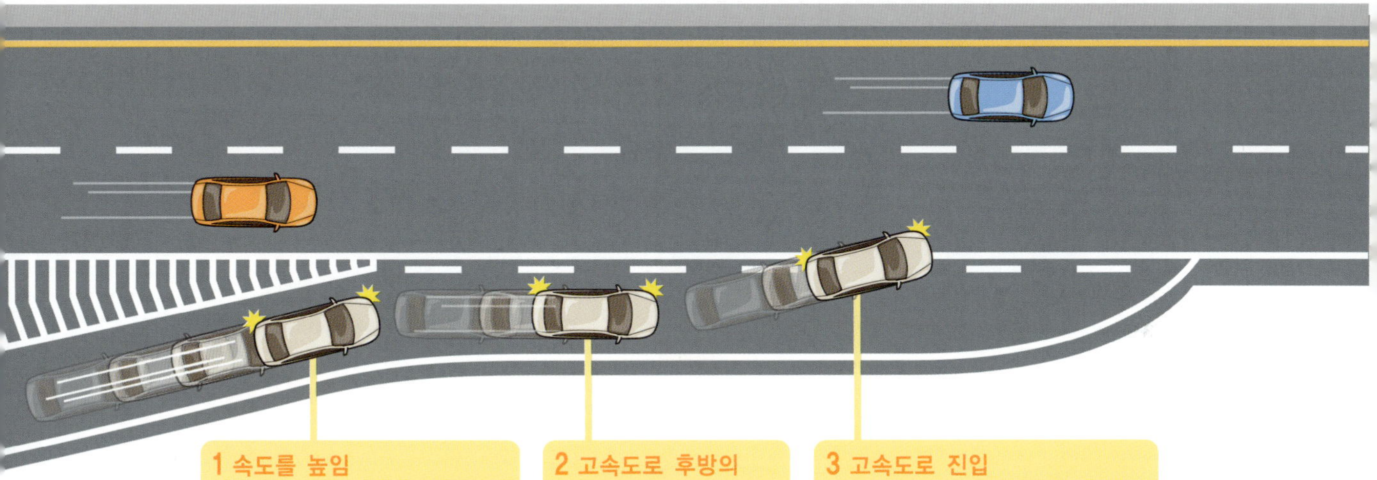

1 속도를 높임
가속차로에 접어들면 좌측 깜박이를 켜고 고속도로로 진입할 수 있도록 속도를 높인다. 너무 느린 속도로 진입하면 고속으로 달려오는 차에게 추돌당할 수 있다.

2 고속도로 후방의 안전 확인
사이드미러를 보거나 직접 고개를 뒤로 돌려서 후방의 안전을 확인한다.

3 고속도로 진입
후방의 차가 가깝게 있다면 다음 기회를 기다리고 진입할 여유가 있다면 고속도로로 진입한다. (차선변경 방법 적용) 고속도로에 진입하면 주행차로로 이동해서 도로의 흐름에 맞춰준다.

고속도로 달리는 방법

● **고속도로 주행하기**

안전거리를 확보하세요!

탁 트인 고속도로라 하더라도 언제든지 앞차가 급정지할 수도 있고, 노상에 화물이 떨어질 수도 있습니다. 이런 위험을 대비하기 위해 가장 먼저 해야 할 일이 안전거리 확보입니다. 흔히 뉴스에서 많이 볼 수 있는 삼중 추돌이니 사중 추돌이니 하는 사고는 일차적으로 안전거리가 확보되지 않았기 때문에 벌어진 사고라고 말해도 과언이 아니죠. 그렇다면, 과연 얼마만큼의 거리를 띄워줘야 할까요?

일반도로　속도계에 표시된 속도에서 15를 뺀 수치의 m
　　　　　(ex : 60km/h의 속도는 45m의 안전거리 필요)

고속도로　주행속도의 수치를 그대로 m로 환산한 거리
　　　　　(ex : 100km/h의 속도는 100m의 안전거리 필요)

만약, 피치 못할 사정으로 차간 거리가 좁아졌다면 시야를 멀리 두고 전방 4~5대 정도 차량의 주행 상황을 살피면서 돌발 상황에 대비해야 합니다.

주행차로로 달리세요!

고속도로의 1차선은 가장 빠른 속도로 달리는 추월차선이기 때문에 앞지르기할 때만 사용하고 보통은 2차선이나 3차선의 주행차선을 달려야 합니다. 이걸 모르는 초보운전자는 1차선에서 계속 서행하면서 다른 차들의 진로를 방해하기도 하고 주변에서 비켜달라고 경적을 울려도 '초보라고 무시하는 거야?'하고 오해하며 기분 나빠 하기도 합니다. 1차선은 추월 차선입니다. 빠른 속도로 달리거나 추월할 때만 사용하세요!

차로구분		통행할 수 있는 차종
편도 2차로	1차로	앞지르기 차로, 부득이한 통행1차로
	2차로	모든 자동차의 주행차로
편도 3차로	1차로	2차로가 주행차로인 차의 앞지르기 차로
	2차로	승용차, 승합차, 1.5톤 이하의 화물자동차
	3차로	1.5톤 이상 화물차, 특수자동차, 건설기계
편도 4차로	1차로	2차로가 주행차로인 차의 앞지르기 차로
	2차로	승용차, 35인승 이하 중소형 승합차, 1.5톤 이하의 화물자동차
	3차로	36인승 이상의 대형 승합차, 1.5톤 초과 화물자동차
	4차로	특수자동차, 건설기계

규정 속도를 지키세요!

고속도로의 규정 속도는 시속 100~110km 이내지만, 그보다 더 빠르게 달리는 차가 많습니다. 물론 초보운전자가 처음부터 과속하진 않겠지만 시간이 지날수록 "나도 몇 킬로미터까지 밟아봤어!"하며 남들 다 하는 자랑도 해보고 싶을 겁니다. 빠른 속도로 달리다 보면 속도 감각이 둔해져서 자기도 모르게 과속하는 경우도 있습니다. 과속할 때는 차에 엄청난 운동 에너지가 실리기 때문에 제동이 잘 안돼서 자칫 대형 사고로 이어질 가능성이 커집니다. 속도위반 단속의 여부를 떠나서 안전을 위해 규정 속도로 달리기 바랍니다. 속도계를 보면서 일정한 속도로 주행을 하고 긴장감을 유지해 주어야 한다는 것을 잊지 마세요~!

커브에서의 핸들 조정

고속도로에서는 빨리 달리는 만큼 핸들을 살짝만 돌려도 예상보다 차체 방향이 크게 전환됩니다. 그래서 한번 균형을 잃으면 차를 바로 세우기는 더욱 어려워지게 되죠. 이런 위험 때문에 고속도로의 커브는 일반도로처럼 핸들을 많이 돌리지 않게끔 완만하게 설계되어 있답니다. 커브를 돌면서 차선을 맞춰야 한다는 부담 때문에 코앞의 차선만 쳐다보다가 핸들까지 불안정해지는 일이 많은데, 이때는 시야를 멀리 둬야 커브의 모양대로 자연스럽게 핸들을 넘길 수 있습니다.

핸들을 단단히 잡으세요!

일반도로에서는 핸들을 부드럽게 잡아달라고 했습니다만, 고속도로에서는 좀 더 단단히 잡아줘야 합니다. 당연히 한 손 운전도 삼가야 합니다. 옆에 지나가는 대형차의 고속 주행으로 인하여 바람이 불어서 내 차가 옆으로 밀리게 되고, 이때 핸들을 놓칠 수도 있기 때문입니다. 핸들을 놓친다면 정말 큰일 나겠죠? 지나가는 차가 속도가 빠르고 덩치가 클수록 바람이 더 세지기 때문에 차의 크기와 속도에 따라 흔들림을 고려하며 운전해야 합니다.

졸음운전은 절대 안 됩니다!

장시간 고속으로 주행하면 눈에 보이는 광경이 지루해져서 쉽게 피로해지기 마련인데, 조금이라도 졸음이 오면 휴게소에서 적절히 중간 휴식을 취하도록 하세요. '세상에서 가장 무거운 것은 졸릴 때의 눈꺼풀이다.'라는 말이 있죠. '조금만 더'라고 생각하다간 어느 순간 자기 자신도 모르게 잠들게 되고, 그땐 사람의 의지로 어떻게 할 수 없는 지경에 이릅니다. 졸음이 오면 꼭 쉬어가세요~!

★ 졸음을 쫓는 방법

자주 환기시켜준다.
환기를 시키지 않으면 공기 중의 산소가 부족해져서 하품이 나와요.

껌이나 오징어 등을 질겅질겅 씹는다.
뭔가를 씹으면 뇌를 자극해서 졸음을 방지해 줍니다.

동승자와 수다를 떤다.
말재주가 없으면 노래를 부르고, 노래가 안 되면 음악이라도….

차 안에서 스트레칭이나 지압을 한다.
몸에도 활기를 넣어주세요!

잠깐 차를 세우고 잠을 잔다.
최상의 방법이죠~! 피곤해지기 전에 미리 졸음쉼터나 휴게소에서 잠시 쉬어가기를 권합니다.

고속도로에서 차가 고장 나면?

고속도로에서 차가 고장이 나면 다른 차의 주행에 방해되지 않도록 길 가장자리에 차를 세웁니다. 그 다음, 안전 삼각대를 후방 100m 지점에 세워서 후속 운전자에게 주의를 주고, 야간이라면 200m 후방에 불꽃 신호를 추가해주어야 합니다.

03 고속도로 빠져나오기

고속도로를 빠져나오기 전에 미리 안내표지판을 잘 살피세요. 고속도로에서는 대충 추정하지 말고 표지판을 정확히 확인하며 가야 합니다. 잠깐 한눈파는 사이에 목적지를 넘어간다거나, 엉뚱한 곳으로 나가게 되어 많은 시간을 허비할 수도 있으니까요. 특히 뒤늦게 표지판을 발견하고 무리하게 차선 변경을 하다가 사고가 나지 않도록 주의하시기 바랍니다. 한편 고속도로를 빠져나왔다 하더라도 고속 주행 감각이 남아 있어서 속도를 내는 경향이 있으므로 주의하고 일반도로에 맞게 속도를 조절하세요.

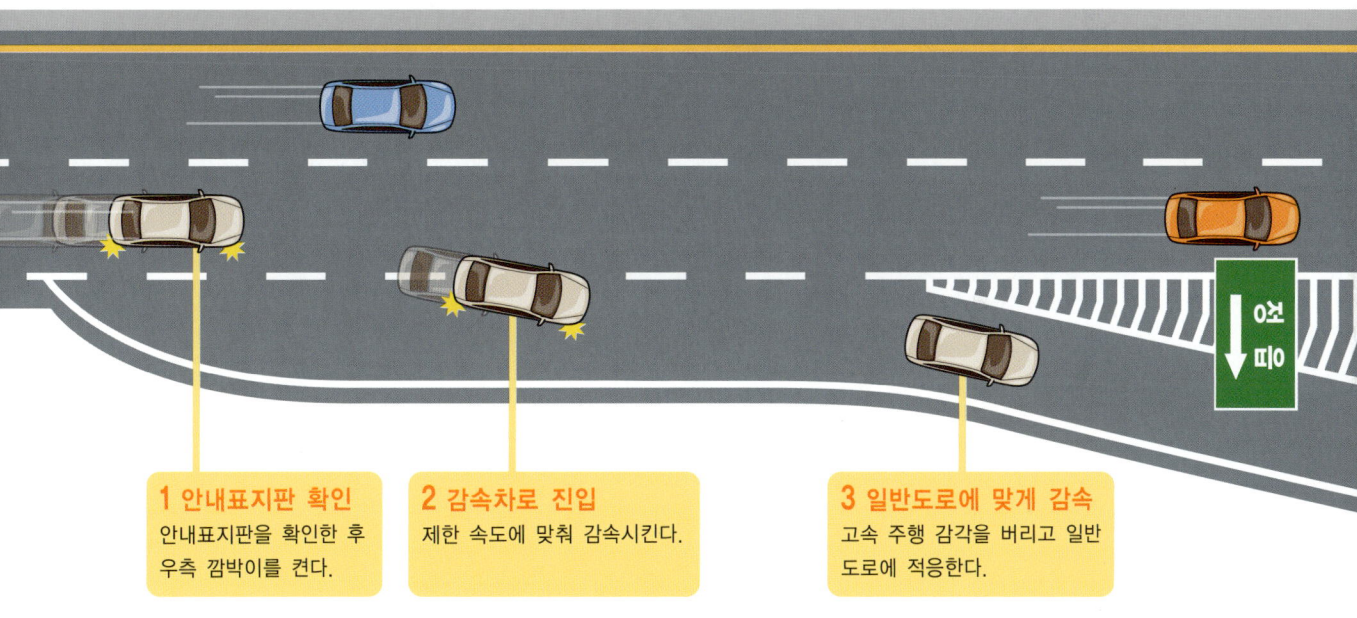

1 안내표지판 확인
안내표지판을 확인한 후 우측 깜박이를 켠다.

2 감속차로 진입
제한 속도에 맞춰 감속시킨다.

3 일반도로에 맞게 감속
고속 주행 감각을 버리고 일반도로에 적응한다.

Lesson 4 상황별 안전운전

YOU CAN FLY!

혼잡한 골목길 통행 방법

서행하라!

요즘 신도시는 도로가 넓고 바둑판처럼 도시계획이 잘돼 있어서 운전하기도 한결 수월한 편입니다. 하지만 운전하다 보면 여건이 좋은 곳만 다닐 수는 없겠죠. 도로 한쪽에는 주차된 차와 좌판이 늘어서 있고 사람이 언제 어디서 튀어나올지도 모르는 혼잡한 골목길도 다닐 날이 있을 겁니다. 골목길을 잘 빠져나가려면 장애물이 차체와 얼마만큼 떨어져 있는지 판단하는 차폭 감각이 좋아야 합니다. 하지만 이제 시작하는 초보운전자에게 차폭 감각을 기대하기는 무리겠죠! 그저 천천히 서행하는 것이 가장 최선입니다. 자동변속기 차량은 액셀을 거의 사용하지 않고 클리핑으로 서행하며, 수동변속기 차량은 반클러치를 사용하면서 서행하면 됩니다. 공간이 비좁을수록 액셀 사용은 자제하는 것이 좋습니다.

좁은 길에서 양보하기

좁은 골목을 진입하기 전에는 마주 오는 차가 있다면 빠져나올 때까지 진입하지 않는 것이 좋습니다. 전후 사정을 살피지 않고 무턱대고 들어갔다가는 길 한가운데에서 오도 가도 못하는 사태가 벌어질 수도 있으니까요. 이미 골목길에 진입한 상황이고 마주 오는 차가 있다면, 내가 먼저 양보해야 할지 상대의 양보를 받아야 할지 빨리 판단해야 합니다. 둘 중 도로 폭이 넓은 쪽의 차가 도로 한편으로 비켜서 양보해 주고 양보를 받은 차는 조심해서 빈 공간으로 빠져나가야 합니다. 좁은 공간으로 빠져나갈 자신이 없다면 내가 먼저 양보해서 상대가 빠져나가도록 유도하는 것이 좋습니다.

02 커브길 주행 방법

산 고개를 넘어가다 보면 S자형 커브 길이 끊임없이 반복됩니다. 그 때문에 자칫 차선을 넘나들면서 균형을 잃을 수도 있습니다. 커브 길에서 균형 잡기가 어려운 것은 자동차가 커브의 바깥쪽으로 나가려고 하는 원심력 때문입니다. 원심력은 속도의 제곱에 비례해서 커지는 성질을 가집니다. 따라서 코너를 돌기 전에 적당히 감속해서 원심력을 줄여주는 것이 커브 길 주행 방법의 핵심이라고 할 수 있습니다.

슬로우 인 패스트 아웃 | 느리게 진입해서 빠르게 빠져나와라

슬로우 인 패스트 아웃 기법은 회전하기 전에 안전하게 속도를 줄여주고 회전이 끝나는 지점에서 다시 속도를 내 어주는 방법으로 가장 상식적이고 중요한 코너링 방법입니다.

아웃 인 아웃 | 코너 안쪽 라인에 가깝게 돌아라

아웃 인 아웃은 코너 안쪽 라인에 가깝게 돌아 원심력을 줄여주는 방법입니다. 사실 이 방법은 카레이서처럼 빠른 속도로 코너링할 때 더욱 필요한 것으로 일반적인 속도에서는 '슬로우 인 패스트 아웃'만 활용해도 안전 운전에 지장은 없습니다.

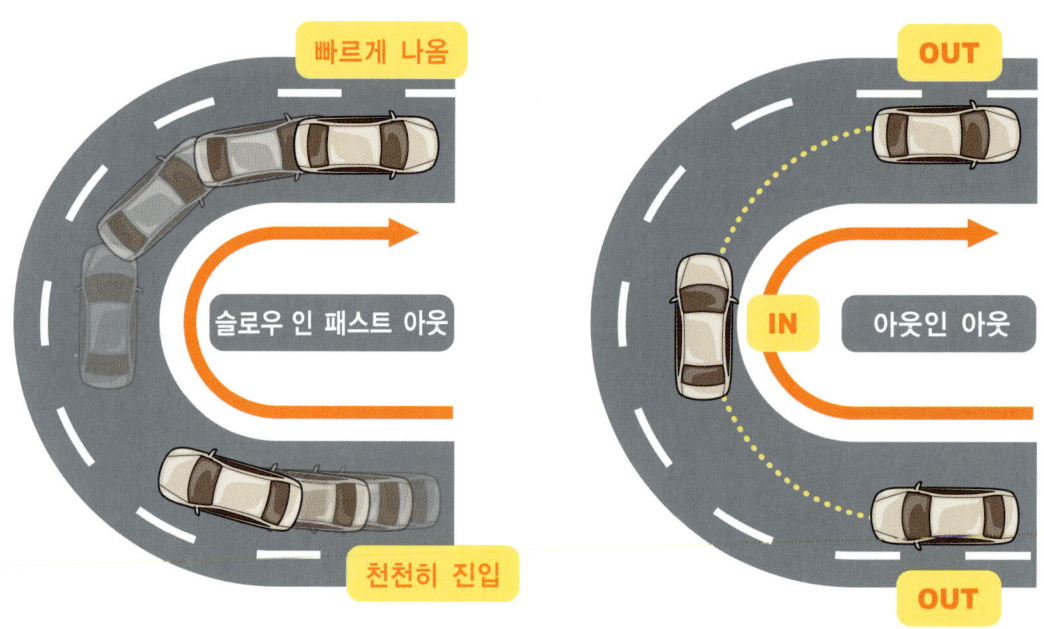

급제동은 위험해요!

커브를 돌 때 급브레이크를 걸면 바퀴가 쉽게 미끄러질 수 있어서 위험합니다. 커브 중에 원심력이 작용하기 때문에 미끄러짐도 더 심해지는 것이죠. 커브 길에서 발생하는 사고 중에는 미리 감속 운전을 하지 않았다가 급브레이크를 걸면서 바퀴가 미끄러지는 경우가 적지 않습니다. 주의하세요~!

03. 야간 운전

시야가 좁아져요!
야간에는 조명이나 전조등에 의지하여 시야가 좁아지게 되고 원근감과 속도감이 둔화되기 때문에 속도를 줄이며 전조등이 비추는 범위를 넘는 곳까지 살피는 주의가 필요합니다.

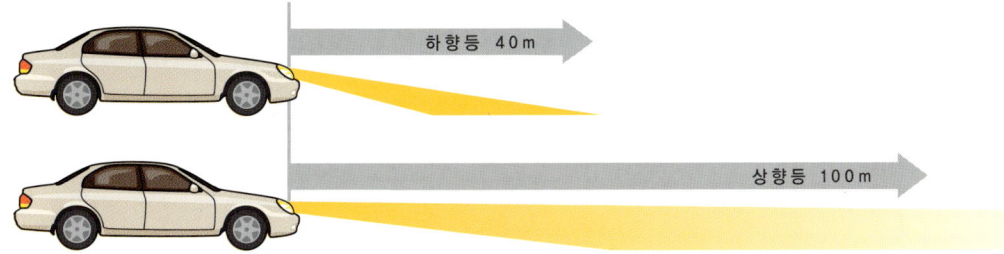

상향등은 눈이 부셔요.
상향등을 사용하면 가시거리가 넓어져서 운전하기에는 좋지만, 마주 오는 운전자를 눈부시게 해서 피해를 줄 수 있습니다. 고속도로, 가로등 없는 한적한 도로, 혹은 잠깐 표지판을 확인해야 할 때를 제외하고는 사용하지 말아 주세요. 내 차의 상향등이 켜져 있는지는 계기판 경고등으로 확인할 수 있습니다.

마주 오는 차의 전조등을 정면으로 쳐다보지 마세요.
태양을 쳐다보면 눈이 부시고 잠시 아무것도 보이지 않는 것처럼 야간에 맞은편 전조등을 쳐다봐도 그런 현상이 나타납니다. 이때 마침 보행자나 장해물이 앞에 있었다면 사고가 날 수밖에 없습니다. 이렇게 눈이 부실 땐 반대편 아래로 살짝 시선을 돌려 피하고, 가급적 야간에는 대향차와 정면으로 마주치는 1차선 주행을 삼가도록 하세요.

내 위치를 노출시켜주는 전조등
야간이라 하더라도 도시에서는 네온사인이나 가로등 불빛이 있어서 전조등을 켜지 않아도 앞을 볼 수는 있습니다. 때문에 등화장치가 켜져 있는 줄로 착각하거나 전조등이 고장이 났는데도 수리하지 않고 방치하는 경우가 있습니다. 하지만 이는 상당히 위험한 일이죠!

등화 장치는 전방 시야를 확보할 뿐만 아니라 자신의 차를 상대방에게 노출해 주어서 사고를 줄여주는 역할도 하고 있습니다. 다른 차들이 나를 보지 못해서 사고를 당할 수도 있는 것입니다. '밤길에 사고를 당하지 않으려면 밝은색 옷을 입어라!'란 말이 있죠. 상대방의 눈에 잘 띄게 하는 것도 중요합니다.

방향지시등을 잊지 마세요.

주간에도 꼭 지켜야겠지만 야간에는 특히 내 차의 진로를 상대방에게 노출해 주는 방향지시등의 사용이 상당히 중요합니다. 어두울수록 상대방은 내 차의 방향을 불빛만으로 판단할 가능성이 높답니다. '남들도 잘 하지 않으니까' 하는 타성에 젖은 생각은 버리고 주변에 차가 있든 없든 방향지시등을 켜는 습관을 들이세요.

룸미러에 빛이 반사되면 레버를 돌려주세요.

뒤차의 전조등이 룸미러에 비쳐서 눈이 부시면 조절 레버를 돌려 거울 각도를 바꿔주세요.

04. 빗길 운전

수막 현상 | 속도를 줄이세요.

빗길에서 속도가 빠르면(약 80km/h 이상) 타이어가 물 위를 떠가는 수막현상이 발생합니다. 수막현상이 발생하면 핸들 조작과 브레이크 조작이 잘 안되어 교통사고의 위험이 매우 커집니다. 빗길에서 서행은 필수입니다.

전조등을 켜세요.

비가 오는 날은 낮에도 어둡고 빗방울로 인해 시야도 좁아지기 때문에 전조등을 켜야 합니다. 그래야지 운전자 시야도 확보되고 다른 운전자에게 내 차의 위치도 알려줘서 사고위험을 줄일 수 있습니다. 안전을 위해 낮에도 항상 전조등을 켜두는 나라도 있답니다

빗물 때문에 차선이 안 보여요!

도로의 빗물이 반사되어 차선이 안 보일 경우도 있습니다. 앞도 잘 안 보이는 판국에 차선마저 없어진다면 정말 당황스러울 겁니다. 이때 차선이 하나라도 보인다면 그 차선 옆으로 차를 붙여서 가면 됩니다. 그러나 아예 아무것도 안 보인다면 어쩔 수 없이 중앙선과는 가급적 떨어져서 앞차를 따라가거나 다른 차들과 보조를 맞추며 거북이걸음을 해야 합니다.

05. 눈길, 빙판길 운전

상황별 안전운전

윈터타이어, 스노우체인을 준비하세요!

겨울철에는 윈터타이어로 교체하거나 스노체인을 준비하는 것이 좋습니다. 그리고 그랬다 하더라도 미끄러질 수 있으므로 안전거리를 충분히 확보하는 것이 가장 중요합니다. 안전거리가 부족하면 급제동, 급핸들조작을 하게 되어 위기 시 더욱 위험해집니다.

서서히 출발하세요!

출발할 때 바퀴가 헛바퀴 도는 현상을 막기 위해 서서히 출발해야 합니다. 액셀을 살살 밟아 주거나 자동변속기 차량은 HOLD를 사용하여 2단 출발하고 수동변속기 차량은 2단에서 반 클러치를 사용하면 됩니다. 또한 빙판길 위에서는 가급적 급브레이크를 밟지 않는 것이 좋습니다. 타이어가 미끄러지면서 방향 전환이 어려워지기 때문입니다.

감속할 때는 엔진브레이크를 활용하세요!

빠른 속력으로 달리다 노면이 미끄러운 곳에서 갑자기 브레이크를 밟으면, 타이어가 미끄러지면서 방향 전환이 어려울 뿐 아니라 차체까지 회전할 수도 있어서 매우 위험합니다. 그 때문에 빙판길 감속은 기어를 저단으로 낮추어 관성을 줄여 주는 엔진브레이크를 활용하는 것이 좋습니다.

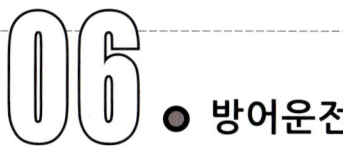 방어운전

나만 주의한다고 교통사고가 일어나지 않는 것은 아니죠. 운전자가 아무리 법을 잘 지키고 안전운전을 한다고 해도 항상 사고 위험은 존재하고 있습니다. 이런 사고를 미리 방지하려는 운전 기법을 방어운전이라고 합니다. 내가 주의해서 사고를 만들지 않는 것을 뛰어넘어 남이 내는 사고까지 피하는 적극적인 운전 방법입니다. 안타깝게도 초보운전 시절에는 신호도 잘 지키면서 방어운전에 신경을 쓰다가 숙련자가 될수록 위반이 늘어나고 방어운전은 안중에도 없게 됩니다. 그러다가 사고를 당하고 나면 다시 정신 바짝 차려서 운전하고, 또 세월이 지나면 느슨해지는 행태를 반복하곤 하는데, 운전 경력과 상관없이 방어운전에 대한 긴장을 늦추지 말아야 하겠습니다.

① 안전거리를 확보하여 급제동해야 할 상황을 만들지 마세요.
② 가능한 시야를 넓게 보면서 전방 및 측면을 살피세요.
　시야가 좁을수록 위기 대처 시간은 줄어듭니다.
③ 음주나 졸음 등으로 운전이 서툰 차량이나 물건이 떨어질 수 있는 화물차는 피해서 다니세요.
　중앙선 침범 사고는 정면충돌이기 때문에 더욱 위험하므로 1차선 주행은 가급적 피하는 것이 좋습니다. 만약 중앙선을 넘어오는 차와 부딪칠 위기에 있다면 급핸들을 해서라도 정면충돌만은 피하도록 해야 합니다.
④ 사람이나 차량의 옆을 지나갈 때는 돌발 행동에 대비해서 곧바로 정지할 수 있는 안전한 거리와 속도를 유지하세요.
⑤ 전조등, 깜빡이 같은 등화장치는 미리미리 켜주세요.
⑥ 승객의 승하차에 의해 정차 및 차선 변경이 빈번한 버스나 택시의 주변은 가급적 피하세요.
⑦ 양보 운전을 생활화하세요.
⑧ 예측하며 주의해서 운전하세요.
- 버스에 의해 가려진 횡단보도에서 신호를 무시하고 사람이 뛰어들 수도 있습니다.
- 언덕길을 넘어서자마자 장애물이 있을 수도 있습니다.
- 교차로 신호등을 무시하고 차가 달려올 수도 있습니다.

STEP 5

주차하기

주차의 달~~~~인!

Lesson 1   주차하기 전에 알아야 할 것

 ● 후진 방법

후방은 전방보다 보이지 않는 사각지대가 크기 때문에 출발 전 장애물이 없는지 확실히 확인하고, 여차하면 곧바로 멈출 수 있도록 천천히 서행해야 합니다. 요즘에는 후방카메라가 있어서 초보운전자의 부담을 덜어주고 후진 사고를 방지에 많은 도움이 되고 있습니다.

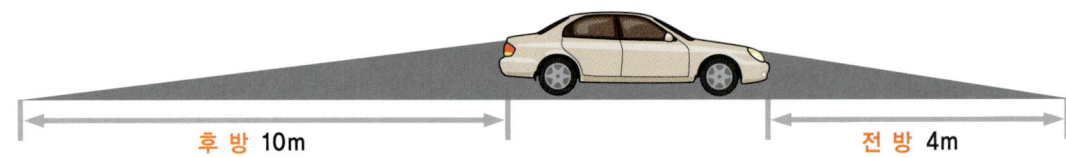

후방 10m   전방 4m

똑바로 후진하기

먼저 차를 한가한 공터에 정차시키고 핸들은 중앙에 고정합니다. 후방의 안전을 확인한 후, 후진 기어를 선택하고 저속으로 후진을 시도하세요. 언제든 곧바로 멈출 수 있도록 브레이크 밟을 준비는 하고 있어야 합니다. 가다 서다를 반복하면서 후진 감각을 익혀보세요.

후진하며 방향 전환하기

장애물을 피해 가거나 주차할 때는 후진하면서 방향을 전환할 때가 많은데, 초보운전자는 핸들을 어느 쪽으로 돌리며 후진해야 원하는 방향으로 차가 가는지 혼란스럽기 마련입니다. 후진하며 방향 전환하기의 핵심은 아래 설명처럼 기준을 어디에 두고 핸들을 돌리느냐입니다.

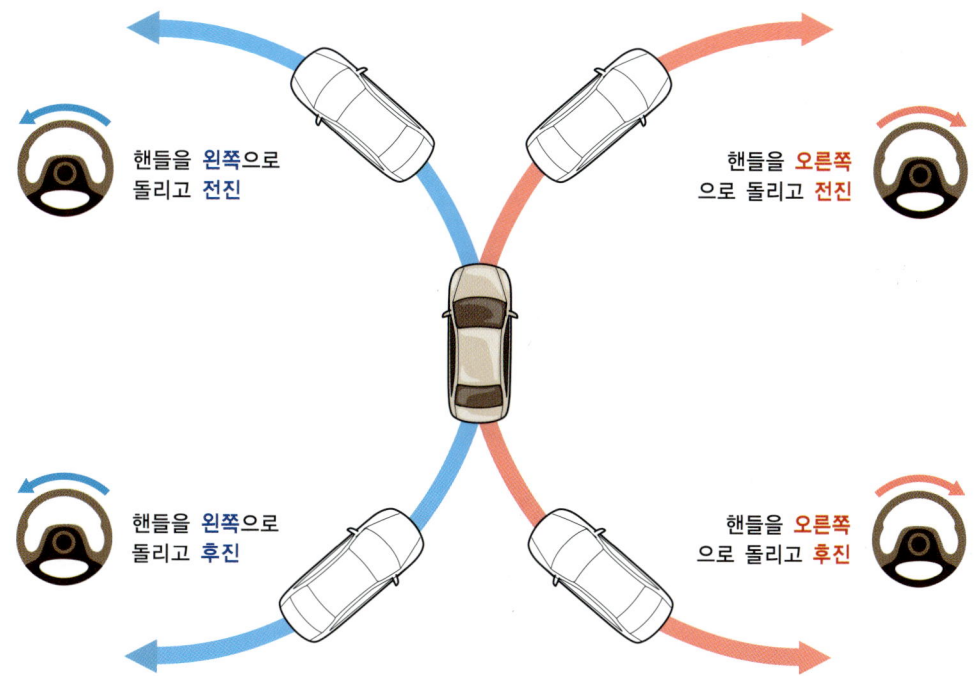

전진을 할 때 : 앞 범퍼 기준

앞 범퍼가 운전자의 오른쪽으로 가게 하려면 핸들도 오른쪽으로 돌리며 전진해야 하고, 앞 범퍼가 왼쪽으로 가게 하려면 핸들도 왼쪽으로 돌리며 전진해야 합니다.

후진을 할 때 : 뒤 범퍼 기준

뒤 범퍼가 운전자의 오른쪽으로 가게 하려면 핸들도 오른쪽으로 돌리며 후진해야 하고, 뒤 범퍼가 왼쪽으로 가게 하려면 핸들도 왼쪽으로 돌리며 후진하면 됩니다. 전진과 후진의 다른 점은 기준을 앞 범퍼에 두느냐, 뒤 범퍼에 두느냐일 뿐입니다.

후진하며 폭 붙이기

핸들을 어떻게 해야 하는지 알았다면 폭 붙이기를 해보겠습니다. 폭 붙이기는 골목길에서 길한 쪽으로 차를 붙여준다거나 주차하면서 양쪽 폭을 맞춰야 할 때 꼭 필요합니다. 방법은 후진하려는 쪽으로 핸들을 돌리고 천천히 후진하다가 원하는 만큼 위치가 변경됐으면 핸들을 반대로 돌려서 S자 형태로 차를 움직여 주는 것입니다.

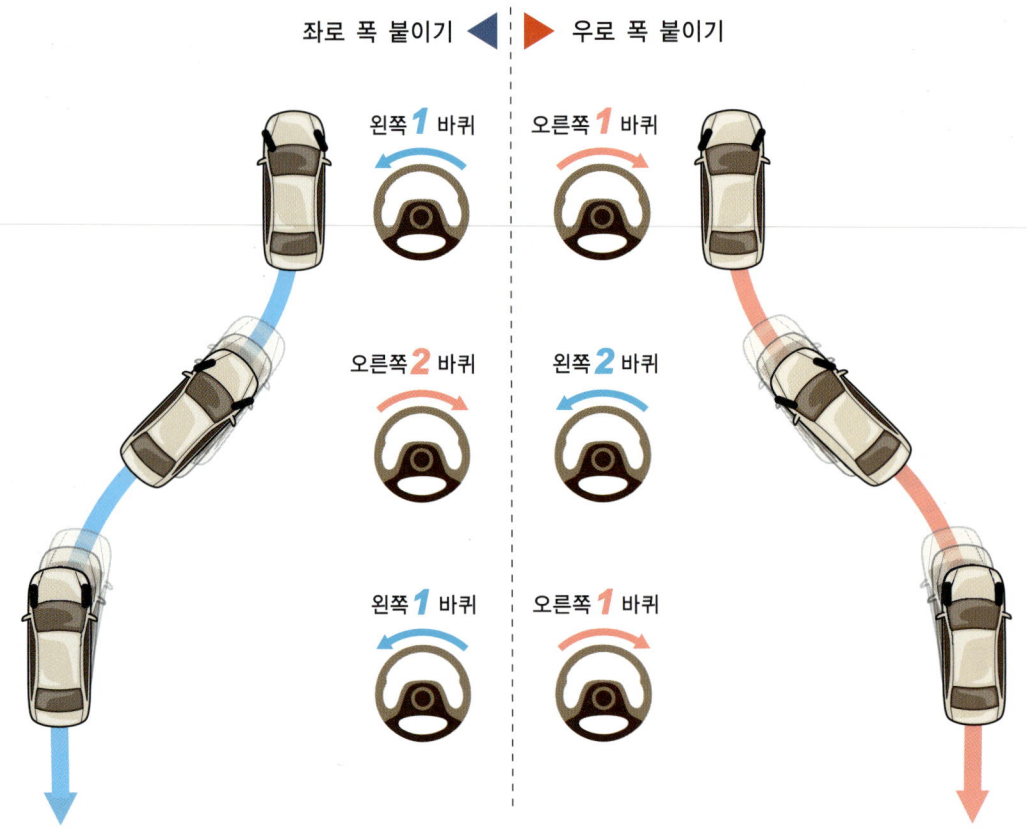

02 내륜차와 외륜차

내륜차 | 전진 회전할 때는 뒷바퀴를 조심하세요.

초보운전자가 자동차에 흠집 내는 이유 중 하나로 내륜차에 의한 사고를 들 수 있습니다. 내륜차란 차가 전진하면서 회전할 때, 앞바퀴보다 뒷바퀴가 회전 중심 안쪽으로 가깝게 도는 현상을 말합니다. 핸들을 많이 돌릴수록, 차량 앞뒤 바퀴의 거리가 길수록 내륜차는 커집니다.

보통 차량의 앞부분만 모퉁이를 회전하면 당연히 뒤쪽도 따라서 회전할 거라고 생각하지만, 뒷바퀴가 모퉁이에 가깝게 돌기 때문에 접촉사고가 나기 쉽습니다. 그래서 전진하면서 회전할 때는 앞바퀴뿐만 아니라 뒷바퀴도 살펴야 하는 것입니다.

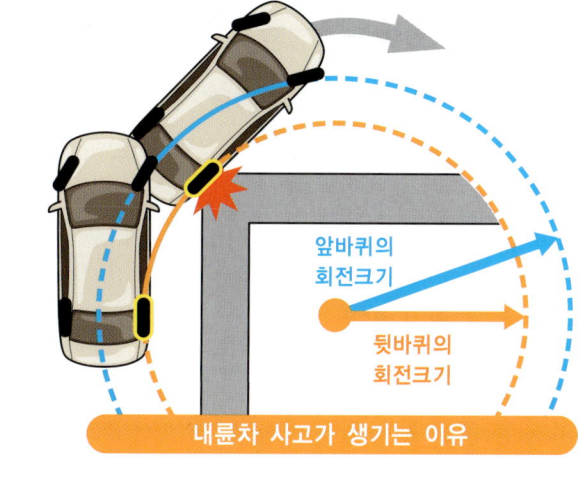

내륜차 사고를 막기 위해서는 회전면에서 1m 이상 거리를 띄어주고 차체의 반이 모퉁이를 넘어설 때쯤 핸들을 돌려서 회전해야 합니다. 초보운전자는 코너를 돌 때 너무 일찍 핸들을 돌리다가 차를 다치게 하는 일이 많답니다.

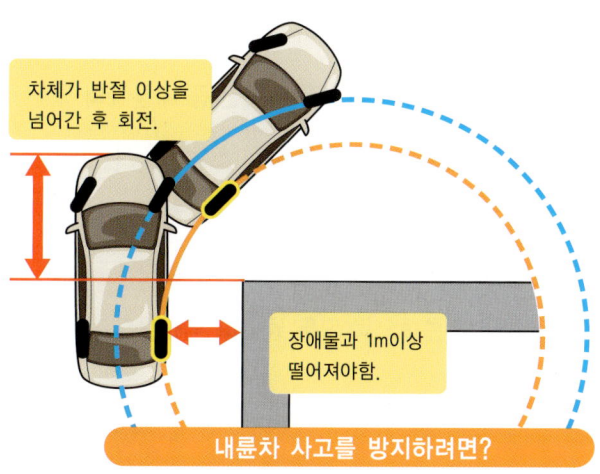

내륜차의 덫에서 빠져나오는 방법

여러분도 운전하다 보면 분명히 내륜차에 의한 사고 위험을 경험하게 될 것입니다. 내륜차 사고는 덫에 걸린 것처럼 움직일수록 차량에 손상을 입힐 수 있기 때문에 각별한 주의가 필요합니다. 실제로 다음과 같은 일을 겪은 초보자도 있습니다. 협소한 골목길에 주차장 진입로가 있는 삼거리였습니다. 이 초보자는 주차장으로 우회전 진입하다가 오른쪽 기둥에 차 옆면을 살짝 부딪치고 말았습니다. 차를 빼보려고 했지만, 내륜차로 인해 앞으로 가나 뒤로 가나 덫에 걸린 듯 차체를 벽에 계속 긁히는 상황이 되었죠. 그렇게 시간이 자꾸 지체되자 뒤에서 기다리던 차들은 매몰차게 차를 빨리 빼라고 경적을 울려댔습니다. 빠져나갈 방법을 찾지 못한 이 초보자는 계속 길을 막고 있을 수 없다고 생각하더니, 막무가내로 차를 움직이고 말았습니다. 결국 새로 산 지 얼마 되지도 않은 차의 문짝은 처참하게 긁혀지고야 말았죠. 내륜차의 덫을 어떻게 빠져나가야 하는지 모른 채로 운전하는 바람에 이런 사고를 내고 만 것입니다.

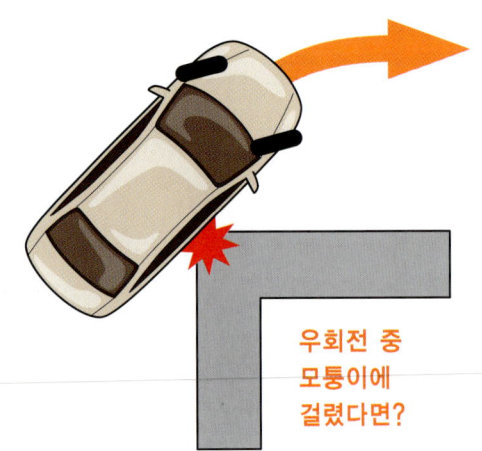

우회전 중 모퉁이에 걸렸다면?

만약, 여러분이 바로 이렇게 우회전 중 내륜차의 덫에 걸렸다면 어떻게 빠져나가겠습니까?

❶ 핸들을 오른쪽으로 모두 돌리고 전진한다.
❷ 핸들을 왼쪽으로 모두 돌리고 전진한다.
❸ 핸들을 왼쪽으로 모두 돌리고 후진한다.
❹ 핸들을 오른쪽으로 모두 돌리고 후진한다.

이런 상황에서는 조금만 잘못 움직여도 차체 흠집은 계속 커지게 되기 때문에, 만약 여러분이 잘못된 방법을 선택했다면 여러분의 차도 상처를 더 크게 입었을 겁니다. 자, 그럼 각각 어떤 상황이 벌어지는지 확인해볼까요?

❶ 핸들을 오른쪽으로 모두 돌리고 전진한다.

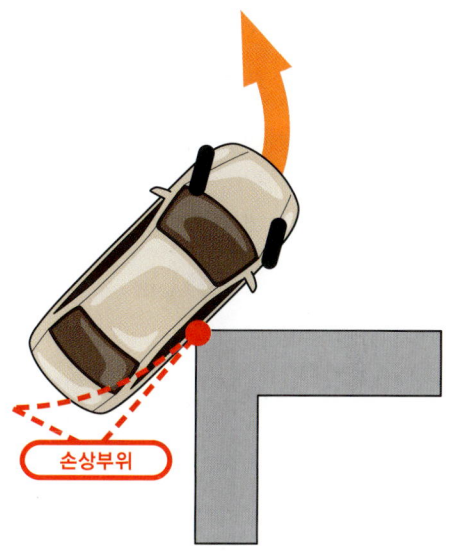

❷ 핸들을 왼쪽으로 모두 돌리고 전진한다.

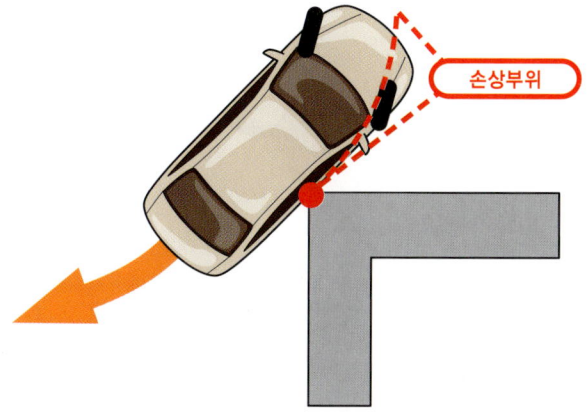

❸ 핸들을 왼쪽으로 모두 돌리고 후진한다.

❶, ❷, ❸번 모두 정답이 아닙니다. 이 방법을 선택한다면 여러분의 차는 위에서 보여주는 바와 같이 심각한 손상을 보게 될 것입니다.

옳은 방법은 ❹번 '핸들을 오른쪽으로 모두 돌리고 후진한다.'입니다. 길을 잘못 들었을 때 왔던 길로 되돌아가서 다시 출발하는 것이 더 찾기 쉬운 것처럼, 핸들을 오른쪽으로 돌려놓은 원래 상태 그대로 후진하거나, 심한 경우 아예 오른쪽으로 모두 돌려주고 후진을 해야 합니다. 반대로 좌회전 시 문제가 생겼다면 좌측으로 모두 돌려주고 후진해야 합니다. 이렇게 하면 모퉁이와의 최초 접촉지점 외에 더 이상의 상처는 생기지 않습니다. 아래와 같은 순서대로 따라 해 보세요.

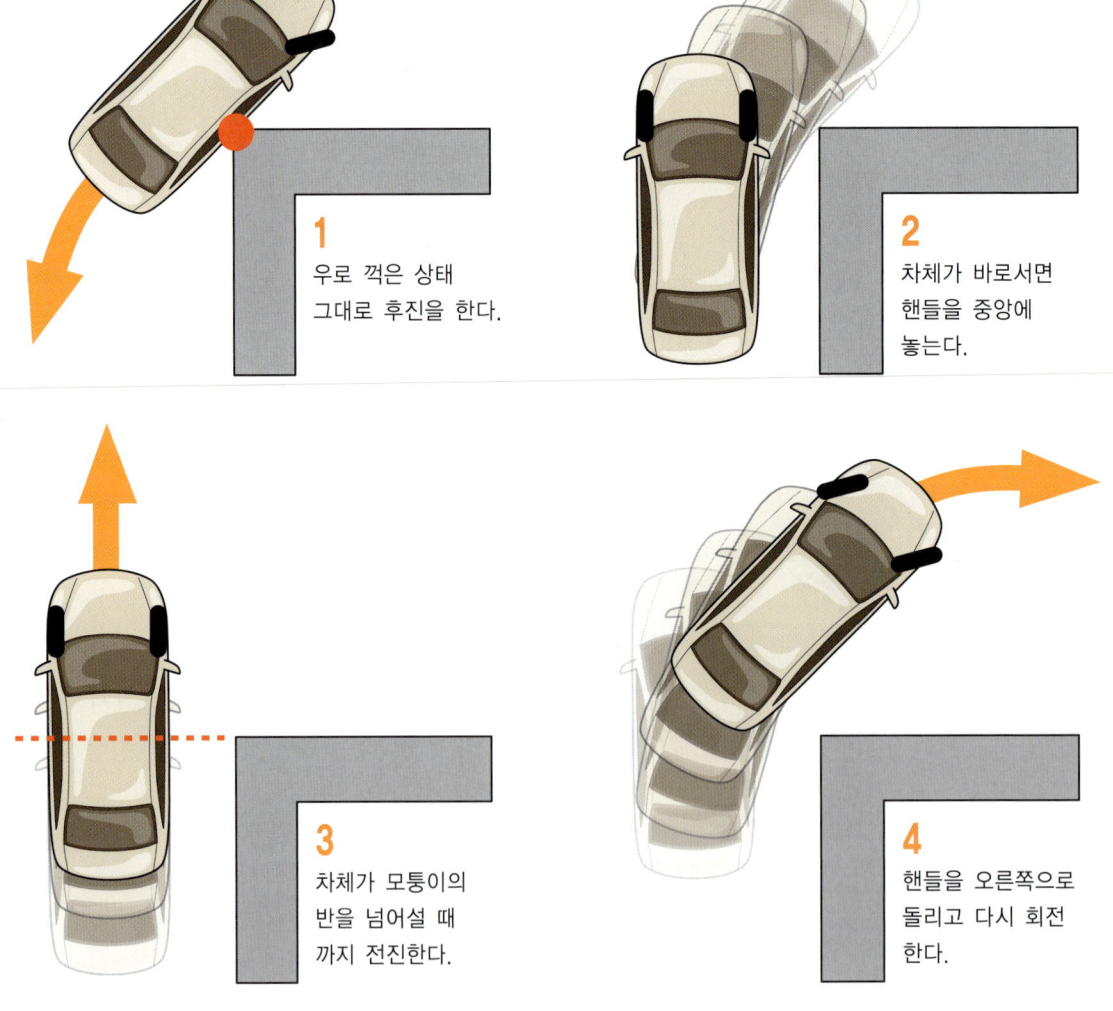

1
우로 꺽은 상태 그대로 후진을 한다.

2
차체가 바로서면 핸들을 중앙에 놓는다.

3
차체가 모퉁이의 반을 넘어설 때까지 전진한다.

4
핸들을 오른쪽으로 돌리고 다시 회전한다.

외륜차 | 후진 회전할 때는 앞바퀴를 조심하세요!

외륜차란 차가 후진하면서 회전할 때 뒷바퀴보다 앞바퀴가 회전 중심 바깥쪽으로 멀리 도는 현상을 말합니다. 외륜차 역시 핸들을 많이 돌릴수록 커집니다. 따라서 후진하면서 회전할 때는 뒤쪽을 주로 주시해야 하지만 동시에 앞쪽도 주의해야 외륜차로 인한 사고를 막을 수 있습니다. 이러한 차의 성질을 이해하지 못하고 뒤쪽만 주의하며 후진을 한다면 생각지도 못한 앞쪽에서 사고를 당하게 됩니다. 후진 시에는 앞바퀴도 주의해 주세요!

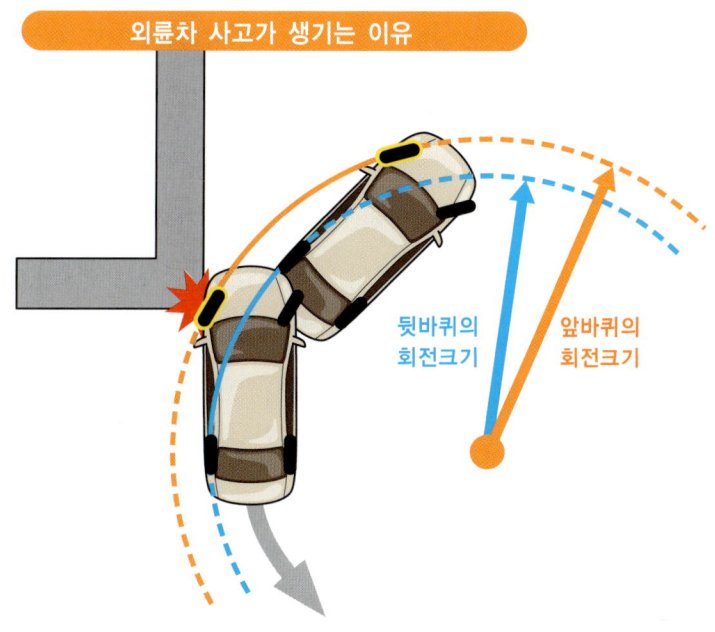

외륜차 사고가 생기는 이유

주차하기 전에 알아야 할 것

백화점 지하주차장 원형 경사 램프 회전하기

백화점이나 큰 빌딩의 주차장 진·출입으로는 원형으로 되어 빙빙 돌아가는 경사 램프가 많습니다. 이 원형 램프도 초보운전자가 꺼리는 장소 중 하나입니다. 특히 수동변속기 차량은 멈췄다 출발하면서 시동이 잘 꺼지고 뒤로 물러나는 현상 때문에 더욱 힘들어지게 됩니다. 만약 큰 부지를 확보한 대형 할인마트처럼 넓고 긴 형태의 경사로라면 초보자도 부담 없이 운전할 수 있을 겁니다. 하지만 대부분의 건물은 공간을 아끼기 위해 건축법규에 정해진 최소한의 회전반경(최소 5.5m)에 맞춰서 원형 램프를 설계하고 있습니다. 이런 곳에서 초보자들은 속도 조절하랴 핸들 조절하랴 어디에 중점을 둬야 할지 몰라서 주행의 균형을 잃기 쉽습니다.

원형 램프를 돌 때 핵심은 시야를 넓게 하고, 원형을 돌기에 적정한 핸들링 기준점을 찾아내는 것입니다. 보통 5.5~7m의 회전반경이 대부분인데, 이때는 핸들을 약 1바퀴를 기준으로 돌려준 채로 주행하면 핸들의 움직임을 최소화할 수 있답니다. 램프 회전 방향으로 핸들을 약 1바퀴 정도로 돌린 채로 돌아가다가 한쪽으로 조금씩 쏠린다 싶으면 쏠리지 않게 핸들을 0.8 바퀴, 또는 1.2 바퀴, 이렇게 조금씩만 감았다 풀었다 조정해주면 됩니다. 만약 지속해서 핸들이 0.8 바퀴로 수정된다면 회전반경이 큰 편으로 원형 램프의 핸들링 기준점은 1 바퀴가 아니라 0.9 바퀴 정도로 풀어주면 됩니다. 반대로 계속 1.2 바퀴로 자주 수정된다면 핸들링 기준은 1바퀴가 아닌 1.1 바퀴 정도로 더 감아주면 되겠습니다.

이런 기준을 가지고 운전을 하면 일단 핸들 조작에 대한 부담을 덜 수 있어서 남은 여력을 속도 페달 조작에 할애할 수 있습니다. 반대로 이런 기준이 없이 눈앞의 커브에만 집착하면 핸들을 불필요하게 감았다 풀었다 하게 되어 벽에 부딪힐 듯 불안해지고 그 바람에 도미노 무너지듯 페달 조절도 균형을 잃어버리게 되는 것입니다. 원형 램프를 돌 때는 시야를 넓게 하고 핸들링 기준점을 찾아서 주행해 보세요~!

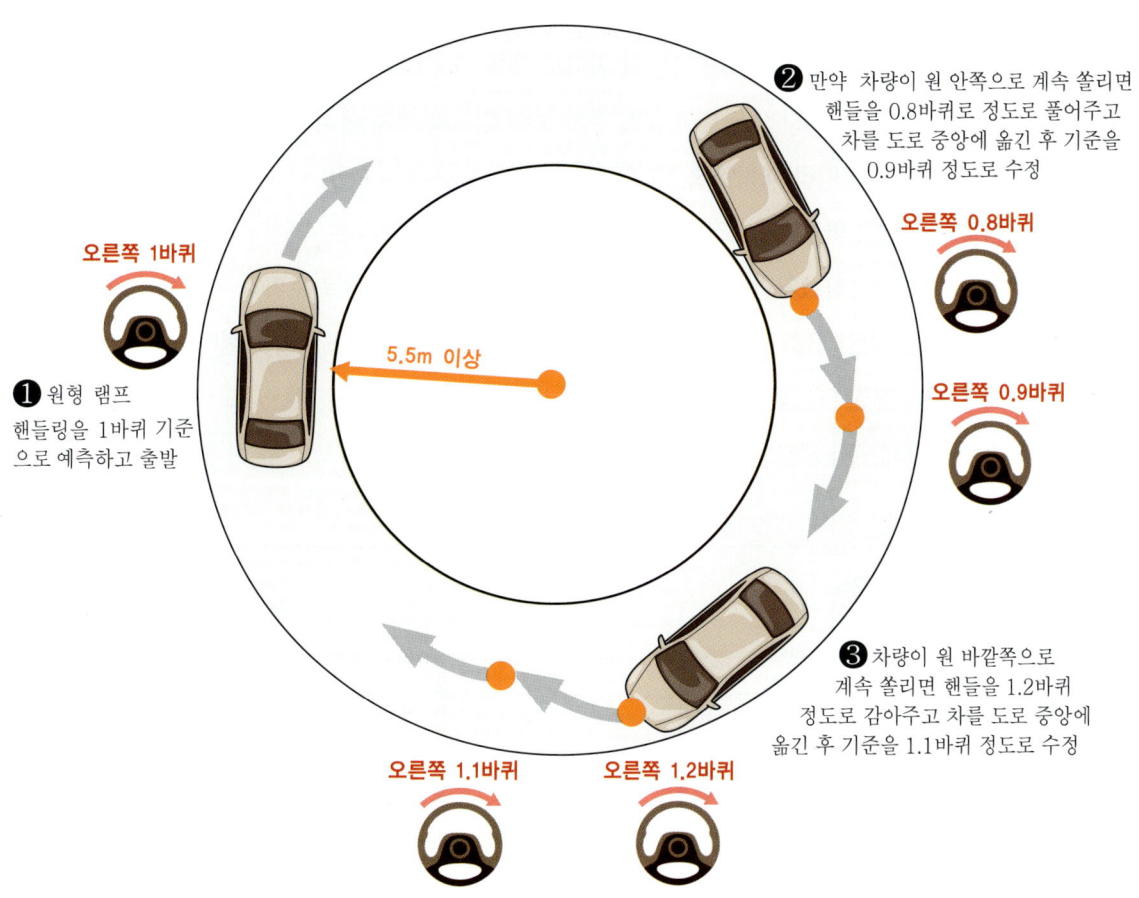

Lesson 2 주차공식

운전은 어느 정도 할 수 있는 것 같은데 주차가 문제죠? 핸들을 어떻게 해야 하는지도 모르겠고 다른 차와 부딪힐까 봐 겁도 날 겁니다. 한참을 헤매다가 얼떨결에 주차했다고 해도 다시 해보라고 하면 또 헤매게 됩니다. 이런 식이라면 1년이 지나도 주차 때문에 쩔쩔매는 신세를 면하기 어렵습니다. 하지만 걱정하지 마세요! 여러분이 쉽게 주차할 수 있도록 주차 공식을 소개하겠습니다. 처음에는 공식 대로만 열심히 따라 해보세요. 그리고 주차 공식이 몸에 익으면, 공식에 얽매이지 말고 자기만의 방법을 만드시기 바랍니다. '정석은 알고 난 뒤, 잊어야 한다!'라는 격언처럼 말이죠. 앞으로 경험할 주차 상황은 다양하겠지만, 그중에서도 양쪽에 주차된 차들 사이로 주차하기가 가장 어려울 겁니다. 주차 공식은 이런 악조건을 기준으로 설명하고 있습니다. 어려운 주차를 할 수 있다면 나머지는 당연히 쉽게 느껴질 테니까요. 단, 실제로 주차 연습을 할 때는 될 수 있는 대로 옆에 주차된 차가 없는 안전한 곳에서부터 시작하세요.

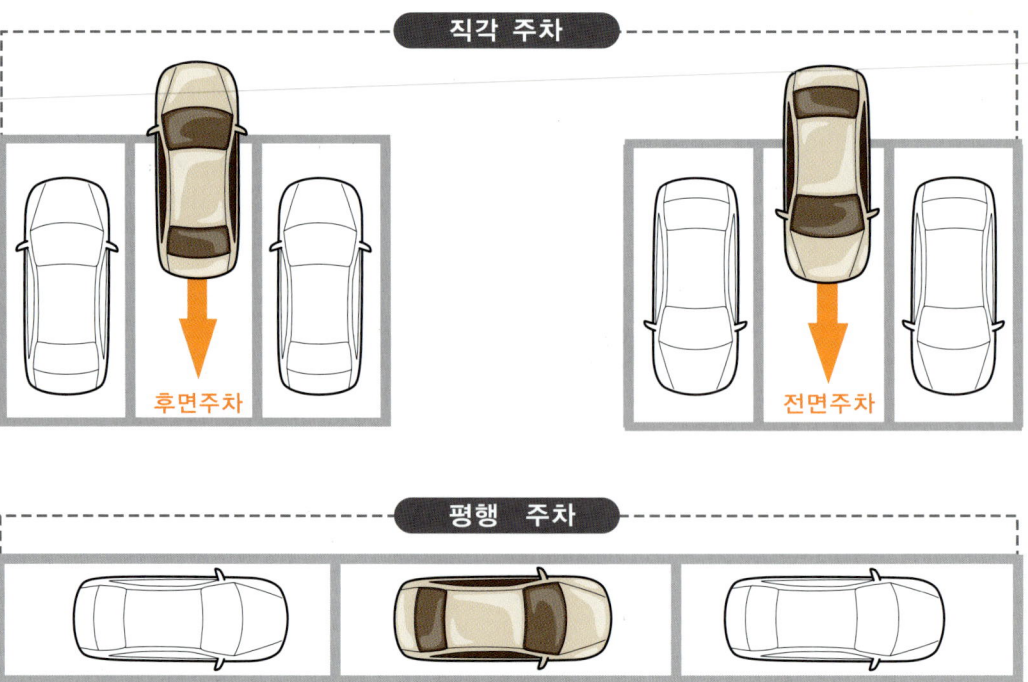

01. 후면 주차

1. 후면 주차 표준 공식

1 차체를 약 1.5m간격으로 주차선과 나란하게 전진한다.

2 운전자의 어깨가 2번선과 나란해지면 멈춘 후, 핸들을 왼쪽으로 한 바퀴 돌리고 전진한다.

3 운전자의 시선이 주차해야 할 공간을 넘어서 1칸에 일치하면 멈춘다.

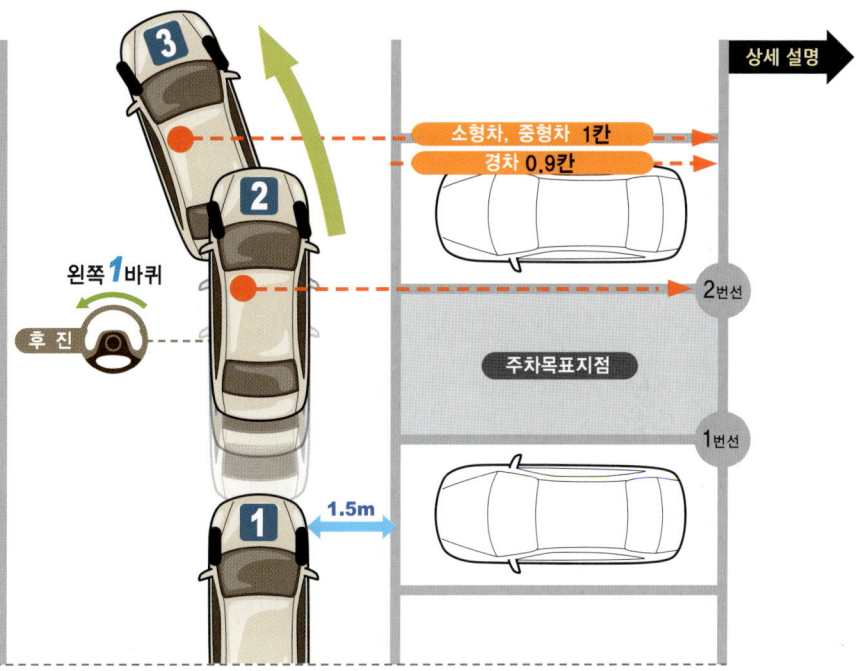

4 핸들을 오른쪽으로 모두 돌리고 후진한다.

5 차체가 주차공간과 나란해지면 차를 멈춘 후 핸들을 왼쪽으로 1.5바퀴 돌리고 후진한다.

6 전후좌우 공간을 안배하며 주차를 마무리 한다.

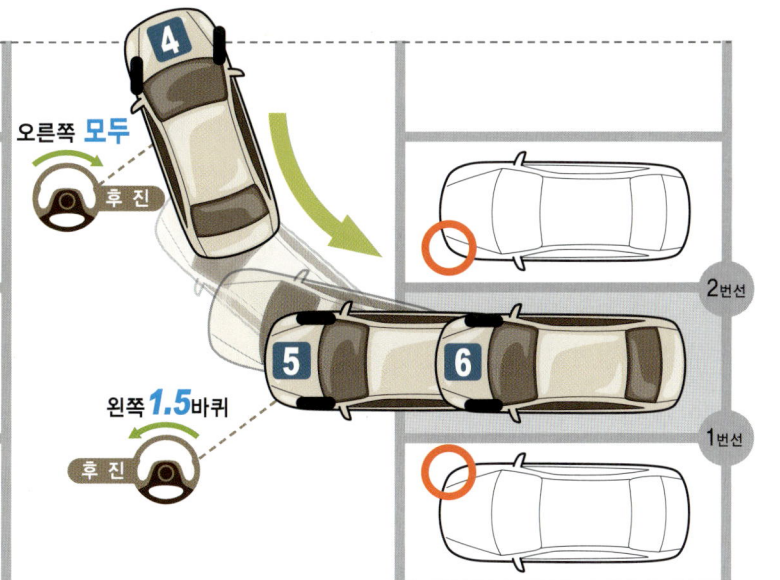

2. 후면 주차 표준 공식 상세 설명

후면 주차는 후진해야 하므로 주차하기가 조금 번거로운 편입니다. 그런데도 운전자들은 후면 주차를 가장 선호합니다. 그 이유는 앞으로 나가면서 수월하게 차를 뺄 수 있기 때문입니다. 그러나 후면 주차를 하지 말아야 할 곳도 있습니다. 바로 차량 매연 탓에 피해가 예상되는 곳인데요, 주차 후면에 화단이나 반지하의 창문이 있는 곳, 그리고 건물 관리를 위해 후면 주차를 금지한 곳 등입니다. 당연히 이런 곳에는 전면으로 주차하는 것이 예의겠죠!

1 차체를 주차선과 1.5m 띄우고 나란하게 전진한다.

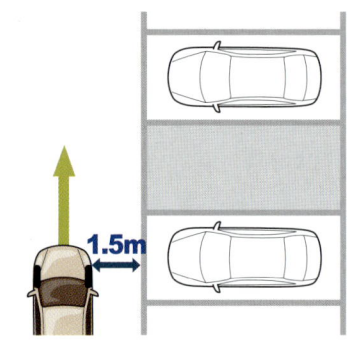

주차할 공간을 발견했다면 비상등을 켜고 주차선과 나란히 대략 1.5m의 간격을 띄우면서 전진하세요. 귀찮더라도 몇 번 내려서 확인해 보면서 거리 감각도 길러지고, '차폭 감각'에서 설명했듯이 차선과 차체의 기준점이 만났을 때 차체와 차선과의 거리를 알아두면 차 안에서도 쉽게 거리를 조정할 수 있게 됩니다.

2 운전자의 어깨가 2번 선과 나란해지면 멈춘 후, 핸들을 왼쪽으로 한 바퀴 돌리고 전진한다.

가능한 자세를 바르게 하고 차체를 주차선과 나란하게 만들어 주세요. 그다음으로 핸들을 왼쪽(주차 공간 반대쪽)으로 한 바퀴 돌리고 서서히 전진합니다. 여기서 핸들을 왼쪽으로 돌리고 전진하는 이유는 차량 뒤쪽을 주차지점에 집어넣기 좋게 방향을 틀어주기 위해서랍니다.

★주의 경차, 소형차, 중형차에 따른 기준선은 운전자의 앉은 자세에 따라 조금씩 달라질 수 있습니다.

3 운전자의 시선이 주차 공간을 1칸 넘어서면 멈춘다.

차체가 주차선과 나란하지 않기 때문에 어깨가 아니라 운전자 시선에 1칸을 맞춰야 합니다.

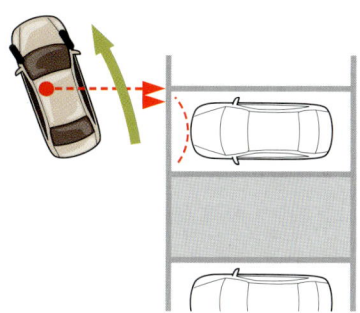

4 핸들을 오른쪽으로 모두 돌리고 후진한다.

이제 본격적으로 차를 주차 공간에 집어넣는 과정입니다. 핸들을 오른쪽(주차 공간이 있는 쪽)으로 끝까지 돌리고 천천히 후진하세요. 천천히 후진하면서 옆에 주차된 차들과 부딪히지는 않는지 주의해야 합니다. 만에 하나 실수로 부딪히는 일이 벌어져도 살짝 닿고 말 정도로 서행해 주세요.

5 차체가 2번선과 나란해지면 멈춘 후, 핸들을 왼쪽으로 1.5바퀴 돌리고 후진한다.

차체가 주차선과 나란해지면 일단정지하고, 핸들을 왼쪽으로 1.5 바퀴 돌립니다. 그래야 주차 구역으로 똑바로 후진할 수 있겠죠! 내 차가 주차선과 나란한지는 사이드미러로 확인하거나 차 문을 한번 열어서 바닥의 주차선을 확인해 보면 됩니다. 후진할 때는 가급적 좌우 폭을 맞추면서 후진합니다. 어느 한쪽으로 치우치면 폭이 좁은 쪽 문은 열 수가 없습니다.

6 전후 전후좌우 공간을 안배하며 주차를 마무리한다.

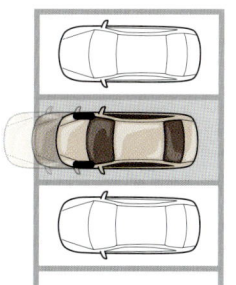

3. 도로 폭이 좁은 주차장에서 후면 주차 하기

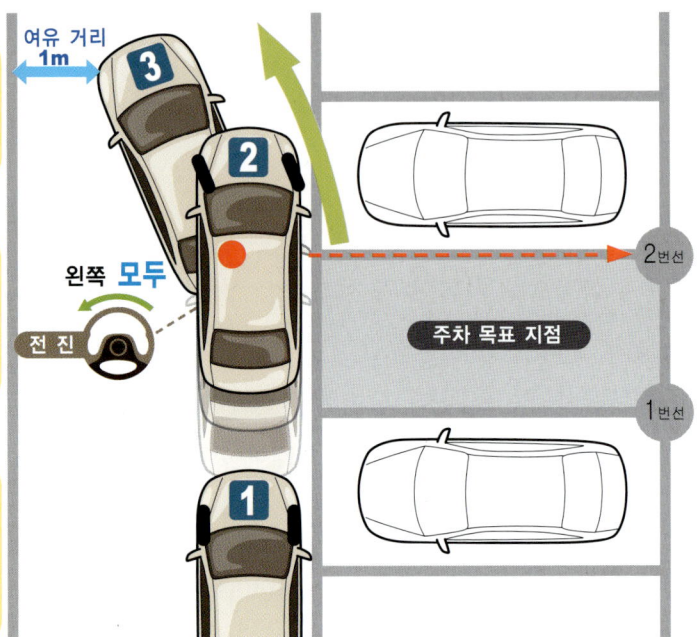

1 차체를 주차선과 최대한 가깝고 나란하게 전진시킨다.

2 운전자의 어깨가 2번선과 나란해지면 멈춘 후, 핸들을 왼쪽으로 모두(또는 1바퀴) 돌리고 전진한다.

3 내 차의 뒤 범퍼가 2번선을 넘기 직전에(뒷바퀴가 2번선을 살짝 넘어간 정도) 멈춘다. 이때 앞 범퍼가 도로 끝과 1m 정도 여유 거리가 있어야 함

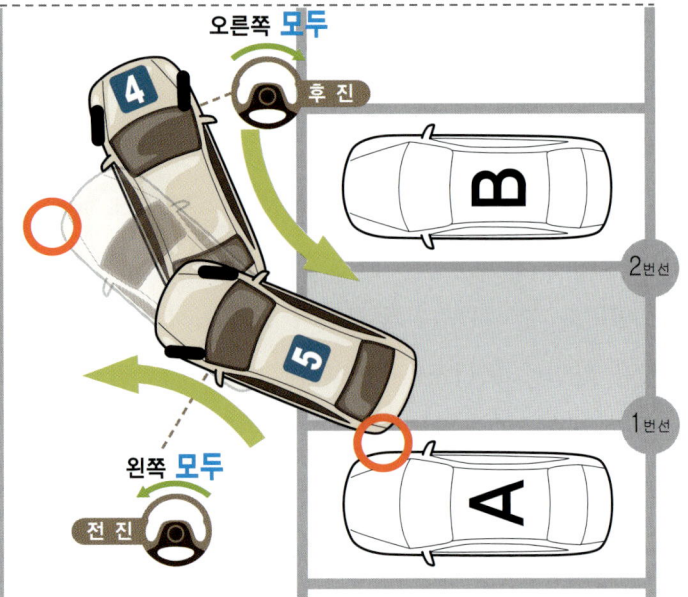

4 핸들을 오른쪽으로 모두 돌리고 후진한다. 이때 앞쪽 범퍼가 도로 끝에 닿지 않도록 주의

5 내차 뒤 범퍼가 A 차량과 닿으려고 하면 멈춘 후 핸들을 왼쪽으로 모두 돌리고 다시 전진한다.

주차장의 도로 폭이 좁은 주차장에서는 후진 시 회전반경으로 인해 앞 범퍼가 도로를 벗어나게 되어 후면 주차가 어렵습니다. 그러나 위 공식처럼 후면 주차 표준 공식을 약간 변형하면 좁은 도로에서도 얼마든지 주차를 할 수도 있습니다. 이 경우 가장 핵심적인 부분은 전진 후진을 반복하면서 차체를 주차 공간 방향으로 세워주는 4, 5, 6번 과정입니다. 도로 폭이 좁아서 후진(4번) 한 번으로 주차 공간에 차를 넣을 수가 없기 때문에 5번, 6번 과정을 한 번 더 반복해서 넣기 쉽게 만들어 주는 것이죠. 이런 좁은 공간에서는 주차할 때뿐 아니라 빠져나올 때도 이런 식으로 왕복 과정이 필요합니다.

4. 후면 주차 간편 공식

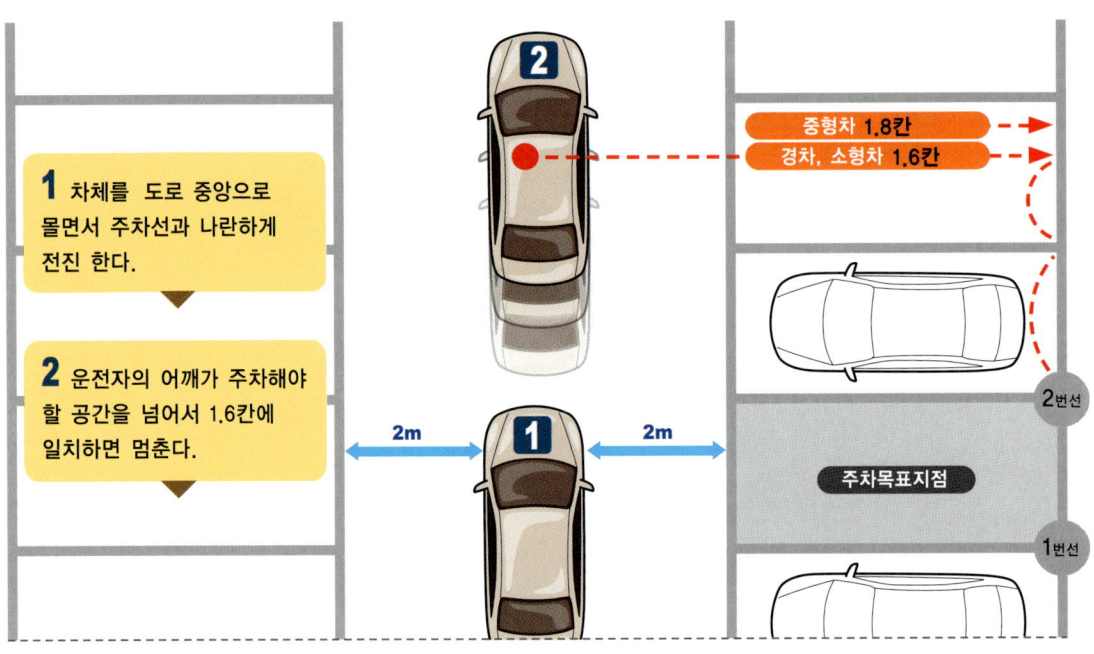

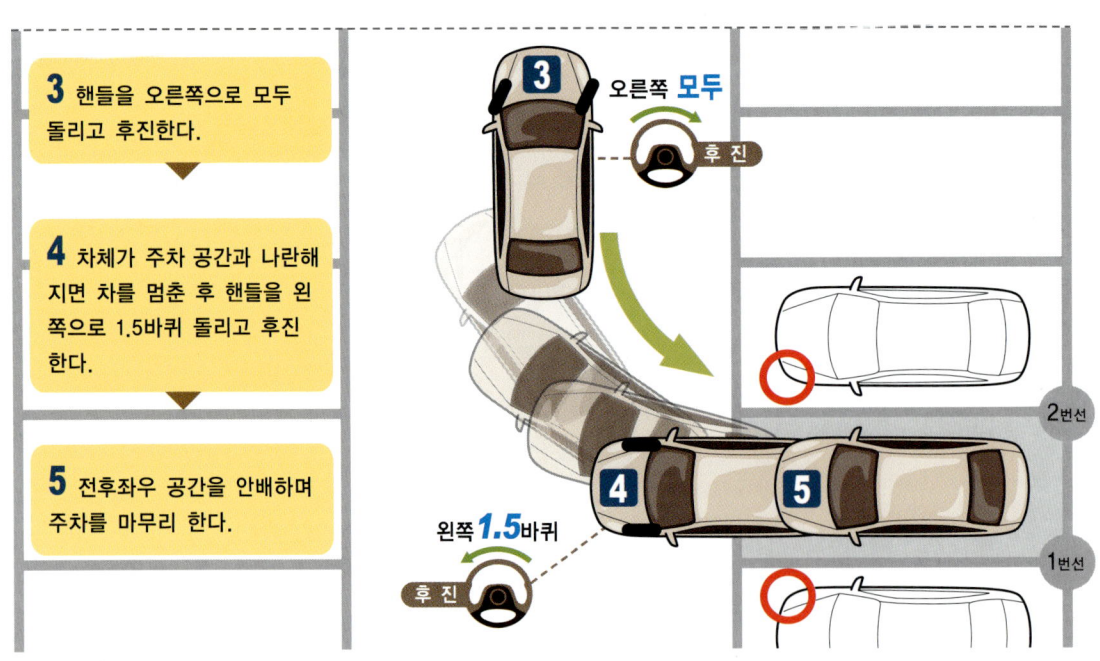

간편 공식은 말 그대로 표준 공식보다 간편한 장점이 있습니다. 하지만 주차 목표 지점을 많이 넘어서야 하므로 뒤따라오는 차가 있을 때는 오히려 번거로워질 수도 있습니다. 내 차를 주차 목표 지점 넘어 기준선에 맞추는 사이 뒤 차에 자리를 뺏길 수도 있고, 뒤 차가 바짝 따라와서 후진하지 못할 수도 있으니까요. 그래서 만약 뒤따라오는 차가 있다면 표준 공식으로 주차하는 편이 낫습니다. 또한 후진할 때 외륜차 회전반경이 크기 때문에 도로 폭이 좁은 곳에서는 적용하기 어렵습니다.

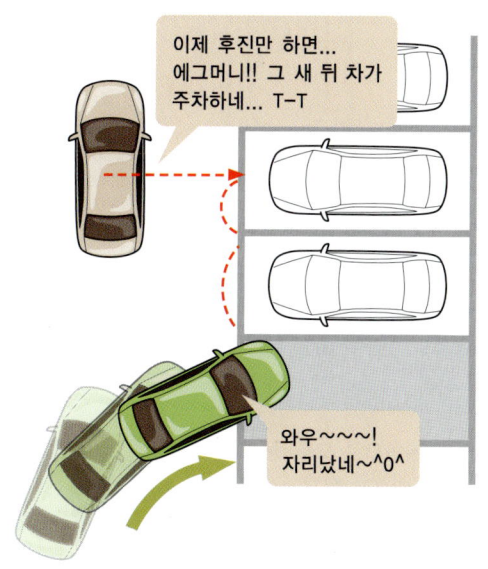
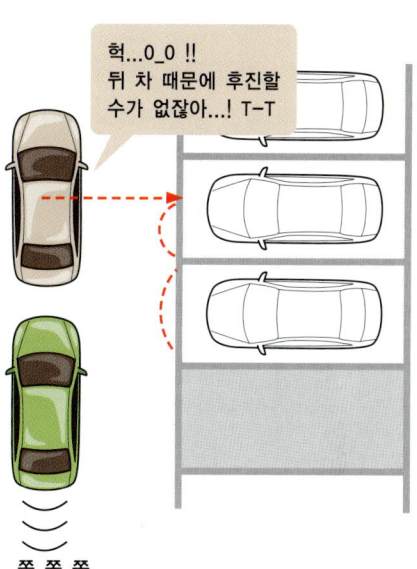

5. 후면 주차 빠져나오기 | 내륜차를 주의하세요!

초보운전자들은 주차된 차를 뺄 때 핸들을 너무 성급하게 돌리면서 나가는 경향이 있습니다. 그 때문에 내륜차에 의해 옆 차와 부딪히는 사고를 겪을 수도 있답니다. 내륜차 사고를 당하지 않으려면 **B** 차를 반절 정도 빠져나온 상태에서 핸들을 돌려주면 됩니다.

CHECK

내륜차 | 차가 전진하면서 회전을 할 때 앞바퀴보다 뒷바퀴가 회전 중심 안쪽으로 가깝게 도는 현상

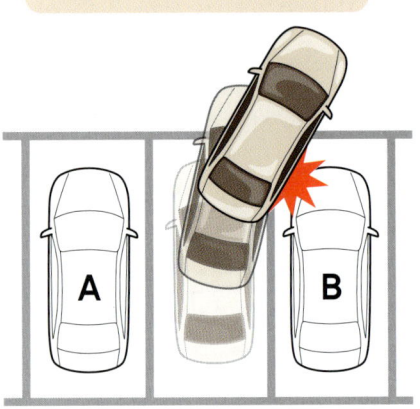

핸들을 미리돌리면 내륜차에 의해 B 차량과 부딪히게 된다.

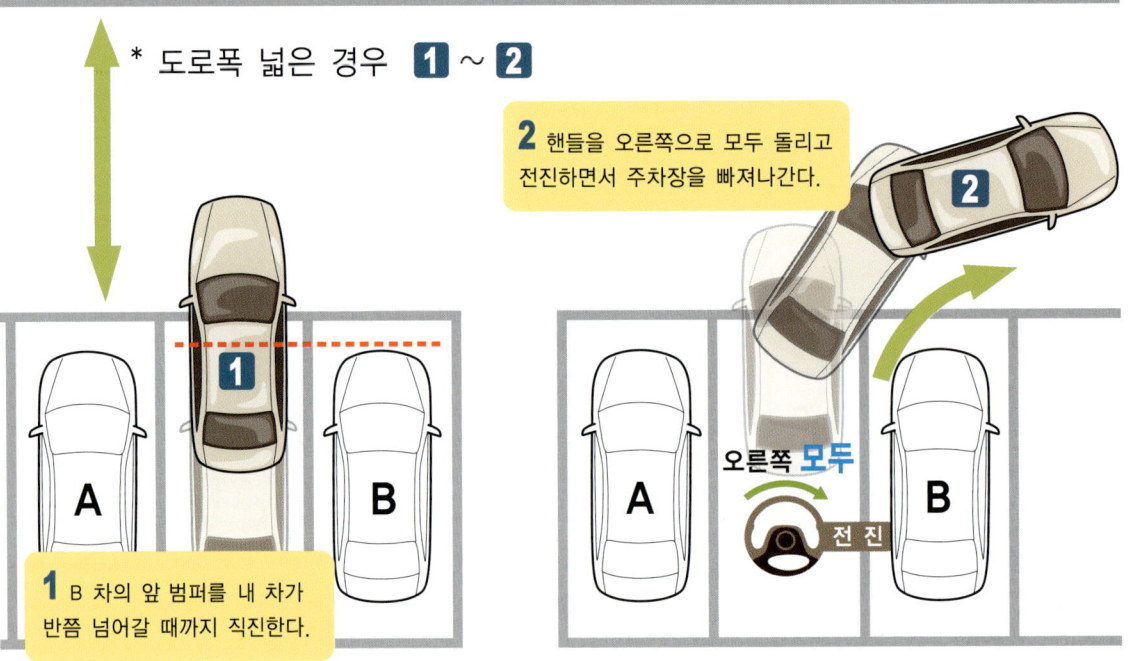

* 도로폭 넓은 경우 **1** ~ **2**

1 B 차의 앞 범퍼를 내 차가 반쯤 넘어갈 때까지 직진한다.

2 핸들을 오른쪽으로 모두 돌리고 전진하면서 주차장을 빠져나간다.

주차장의 도로 폭이 넓은 경우는 1~2번 과정만으로 쉽게 주차장을 빠져나올 수 있습니다. 그러나 도로 폭이 좁거나 장애물이 있는 경우에는 차를 빼면서 전진할 만한 공간이 충분하지 않겠죠! 이럴 때는 1~2번 과정에 이어 아래 3~4번 과정을 반복해서 차체 방향을 조금씩 돌려주면서 빠져나가면 되겠습니다.

* 도로폭 좁은 경우 1 ~ 4

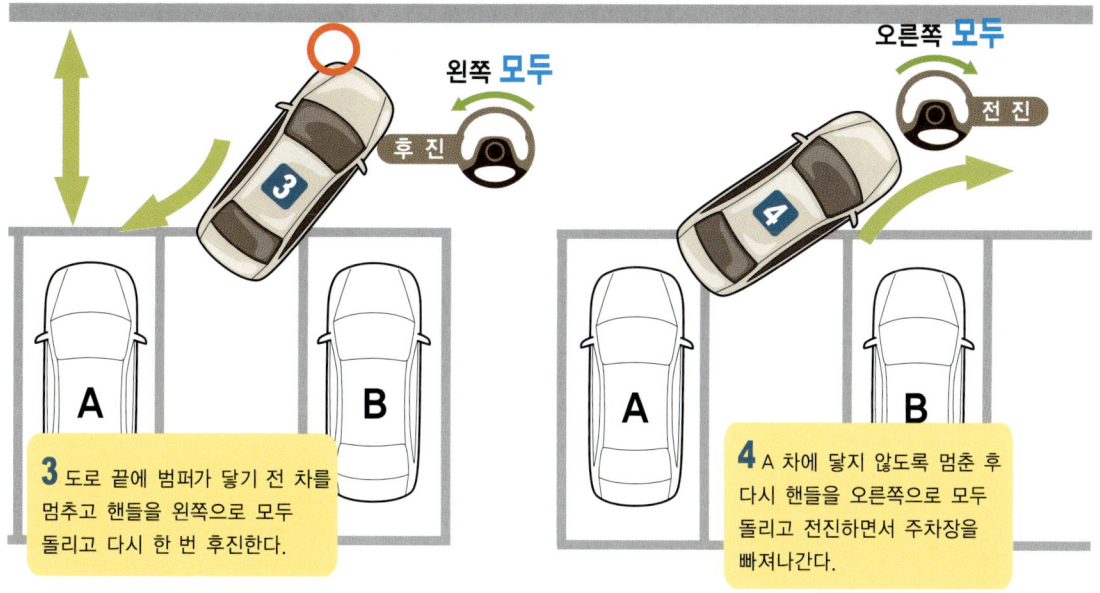

3 도로 끝에 범퍼가 닿기 전 차를 멈추고 핸들을 왼쪽으로 모두 돌리고 다시 한 번 후진한다.

4 A 차에 닿지 않도록 멈춘 후 다시 핸들을 오른쪽으로 모두 돌리고 전진하면서 주차장을 빠져나간다.

02  전면 주차

주차 공식

1. 전면 주차의 표준 공식

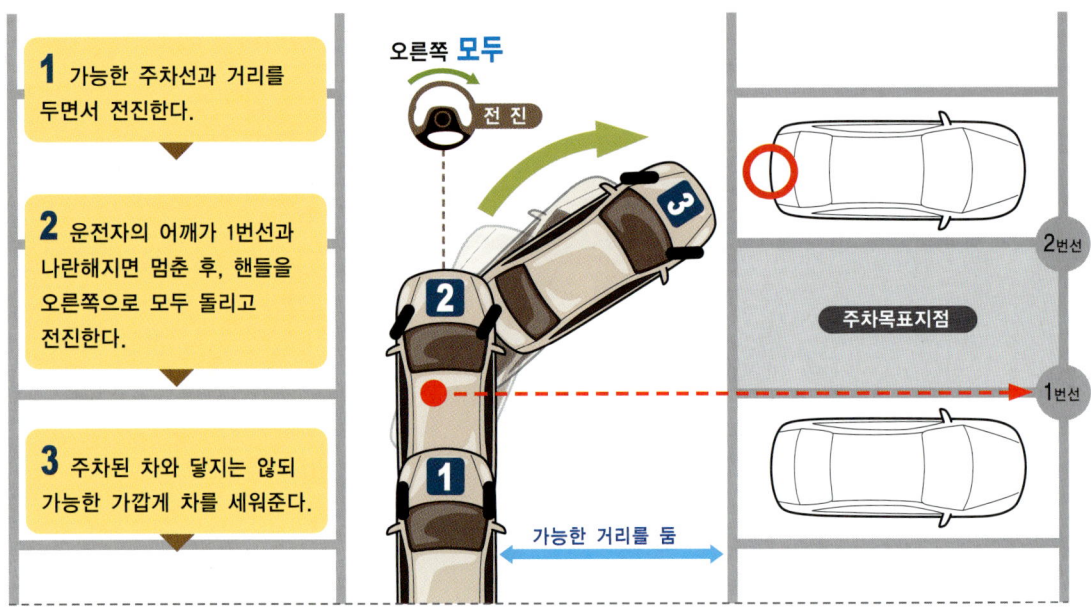

1 가능한 주차선과 거리를 두면서 전진한다.

2 운전자의 어깨가 1번선과 나란해지면 멈춘 후, 핸들을 오른쪽으로 모두 돌리고 전진한다.

3 주차된 차와 닿지는 않되 가능한 가깝게 차를 세워준다.

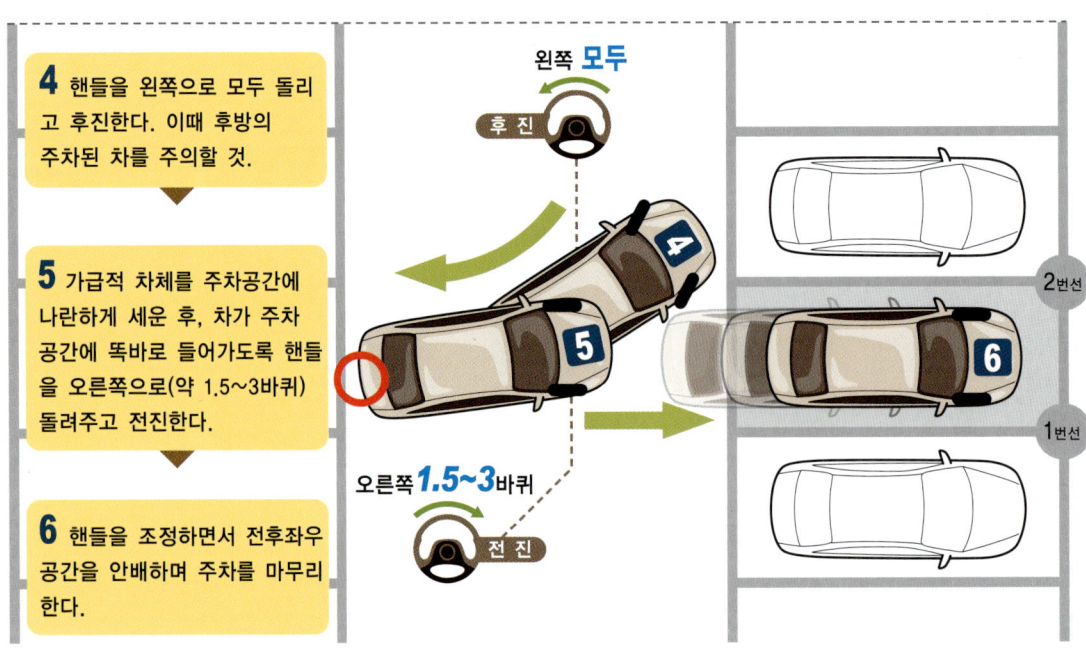

4 핸들을 왼쪽으로 모두 돌리고 후진한다. 이때 후방의 주차된 차를 주의할 것.

5 가급적 차체를 주차공간에 나란하게 세운 후, 차가 주차 공간에 똑바로 들어가도록 핸들을 오른쪽으로(약 1.5~3바퀴) 돌려주고 전진한다.

6 핸들을 조정하면서 전후좌우 공간을 안배하며 주차를 마무리한다.

2. 전면 주차의 표준 공식 상세 설명

전면 주차는 전진하면서 차를 집어넣기 때문에 주차할 때는 편합니다. 하지만 반대로 차를 뺄 때는 후진을 해야 하므로 조금 어려운 편입니다.

1 가능한 주차선과 거리를 두면서 전진한다.

주차할 공간을 발견했다면 비상등을 켜고 가능한 주차선과 거리를 두면서 전진합니다.

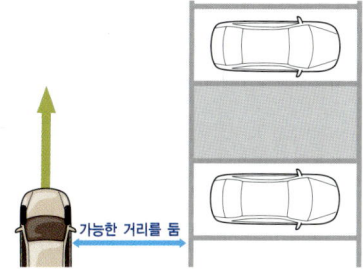

2 운전자의 어깨가 1번 선과 나란해지면 멈춘 후, 핸들을 오른쪽으로 모두 돌리고 전진한다.

이때, 운전자가 고개를 숙이고 있거나 차체가 주차선과 나란하지 않다면 최초 의도한 코스를 벗어나게 됩니다. 가능한 자세를 바르게 하고 차체도 주차선과 나란하게 만들어 주세요.

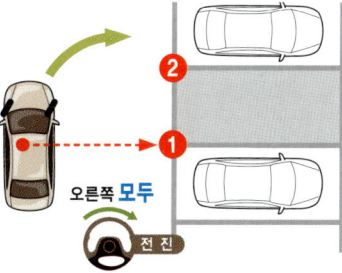

3 주차된 차와 닿지 않도록 하되 가능한 가깝게 차를 세워준다.

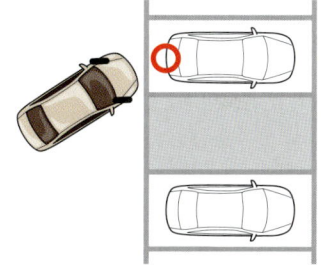

4 핸들을 왼쪽으로 모두 돌리고 후진한다. 이때 후방의 주차된 차를 주의할 것

핸들을 왼쪽으로 모두 돌리고 천천히 후진합니다. 후진하면서 뒤에 주차된 차와 부딪히지 않도록 주의하세요!

5 가능한 한 차체를 주차 공간에 나란하게 세운 후, 차가 주차 공간에 똑바로 들어가도록 핸들을 오른쪽으로(약 1.5~3바퀴) 돌려주고 전진한다.

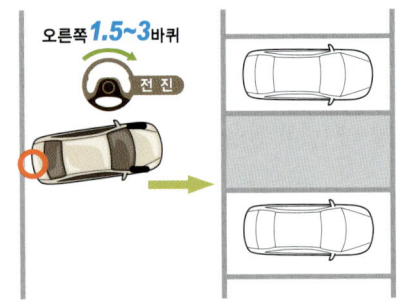

주차 공간에 들어가면서 양옆에 주차된 차들과 부딪히지 않도록 핸들을 조정합니다.

6 전후좌우 공간을 안배하면서 주차를 마무리한다.

3. 전면 주차 간편 공식

전진하면서 한 번에 주차하는 차들을 보고 부러워하지 않으셨나요? 어설프게 따라 해보려고 했다가 넣었다 뺐다 고생만 하고 결국 포기하고 마셨나요? 이제부터는 간편 공식대로만 따라 해보세요! 여러분도 손쉽게 할 수가 있을 겁니다. 간편 공식은 차를 정지시키는 기준선이 0.6칸 정도 뒤로 물러서야 한다는 것과 진입하면서 차체가 주차 공간에 나란해지도록 핸들 조작을 잘해야 한다는 것이 포인트입니다. 단, 한 가지 알아둘 점은 한 번에 주차하는 간편 공식을 시도하려면 주차장 도로가 6m 정도는 되어야 하고 5m 이내의 좁은 도로 폭에서는 간편 공식처럼 한 번에 주차하기가 어렵습니다.

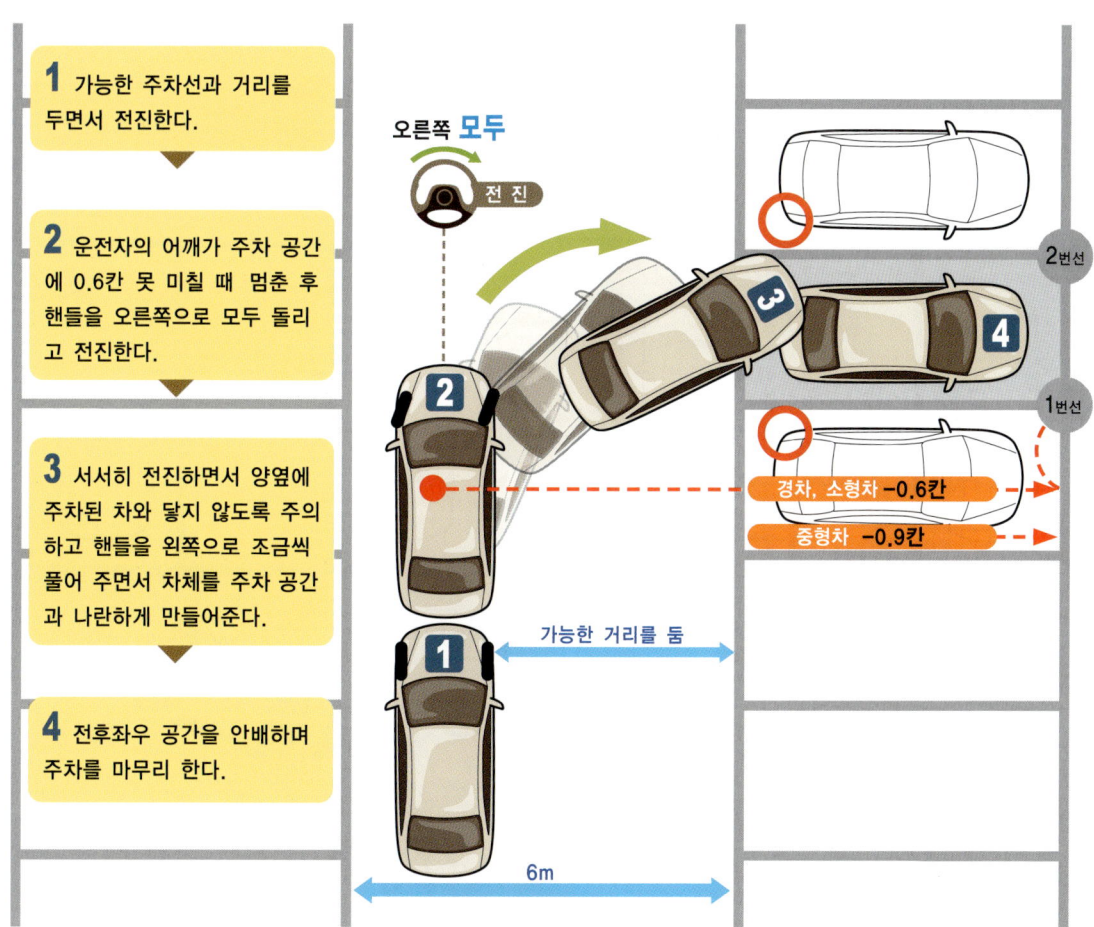

4. 전면 주차 빠져나오기

전면 주차는 후진으로 빠져나와야 하므로 많은 주의가 필요합니다. 먼저 뒤에 지나가는 차나 사람은 없는지 반드시 확인하고 차를 후진시켜야겠죠? 후진하면서 너무 일찍 핸들을 돌리면 외륜차에 의해서 주차된 **B** 차와 부딪힐 수도 있습니다. 따라서 차체가 양옆의 주차된 차량을 거의 빠져나올 때까지는 차체를 똑바로 빼내거나 살짝만 돌려주면서 빠져나와야 합니다.

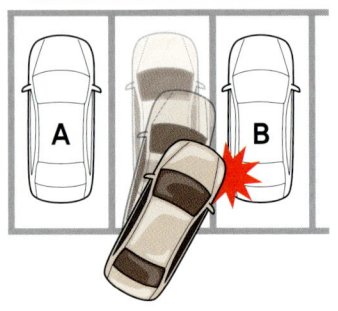

핸들을 미리 돌리면 외륜차에 의해 B 차량과 부딪히게 된다.

* 도로폭 넓은 경우 **1** ~ **2**

1 똑바로 후진을 하다가 주차 공간을 90% 벗어났을 때 정지한 후, 핸들을 왼쪽으로 (나갈 방향의 반대쪽) 모두 돌리고 후진한다.

2 후진 시 후방의 안전을 확인하며 멈춘 후 다시 핸들을 오른쪽(나갈 방향)으로 모두 돌려서 전진한다.

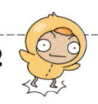

주차장의 도로 폭이 넓은 경우는 1~2번 과정만으로 쉽게 주차장을 빠져나올 수 있습니다. 그러나 도로 폭이 좁거나 장애물이 있는 경우에는 차를 빼면서 후진할 만한 공간이 충분하지 않겠죠! 이럴 때는 1~2번 과정에 이어 아래 3~4번 과정을 반복해서 차체 방향을 조금씩 돌려주면서 빠져나가면 되겠습니다. 좁은 공간을 빠져나가기 위해서는 3~4번 과정처럼 전진 후진을 반복해 주면서 차체 방향을 나가는 쪽으로 조금씩 돌려줘야 한다는 사실, 실전에 많이 활용하는 방법이니 잊지 마세요~!

* 도로폭 좁은 경우 1 ~ 4

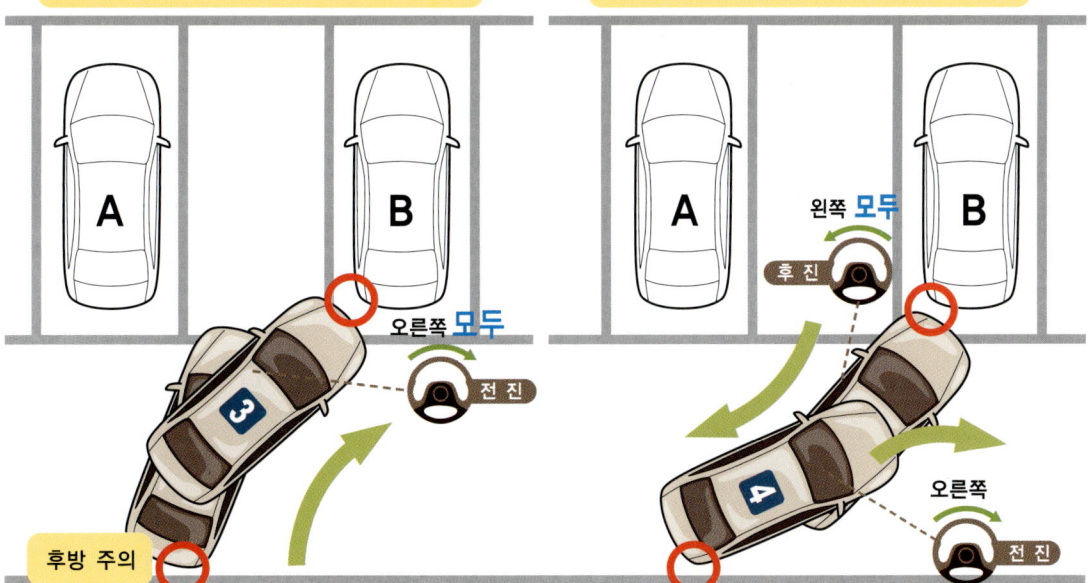

3 도로폭이 좁아서 충분히 후진할 수 없다면 최대한 후진하여 멈춘 후 핸들을 오른쪽으로 모두꺾고 B차량 가까이까지 전진한다.

4 다시 한 번 핸들을 왼쪽으로 모두 돌리고 적당히 후진한 뒤 핸들을 오른쪽으로 돌려서 전진하며 주차장을 빠져나간다.

03. 평행 주차

1. 평행 주차 공식

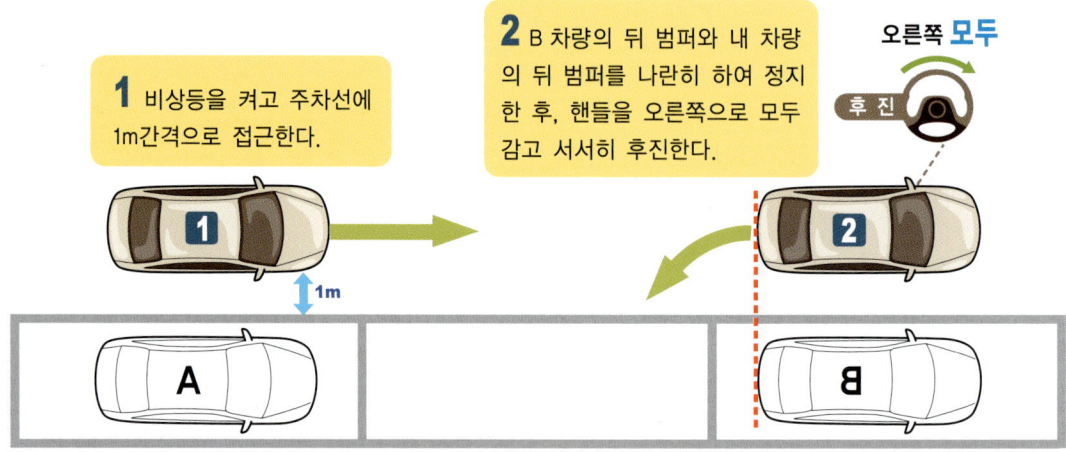

1 비상등을 켜고 주차선에 1m간격으로 접근한다.

2 B 차량의 뒤 범퍼와 내 차량의 뒤 범퍼를 나란히 하여 정지한 후, 핸들을 오른쪽으로 모두 감고 서서히 후진한다.

오른쪽 **모두**

3 A 차량의 범퍼가 왼쪽 사이드미러의 중앙에 오면 후진을 멈춘다.

4 핸들을 왼쪽으로 1.5 바퀴 돌리고 차체 기울기대로 후진한다.

왼쪽 **1.5**바퀴

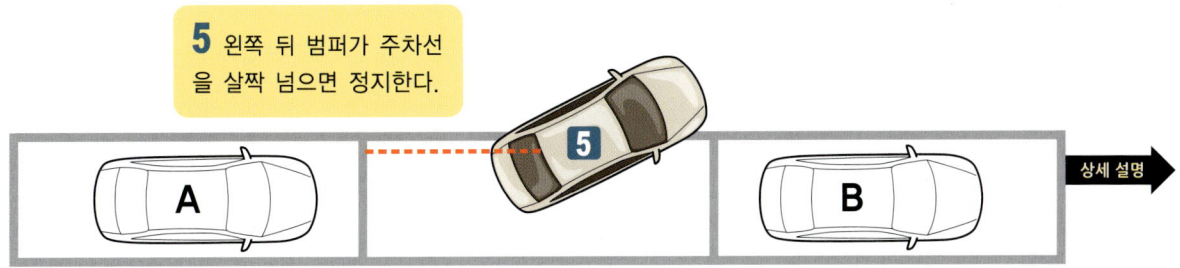

5 왼쪽 뒤 범퍼가 주차선을 살짝 넘으면 정지한다.

6 핸들을 왼쪽으로 모두 돌리고 후진한다. 이때 A 차량과 보도블록에 부딪히지 않도록 주의 할 것.

왼쪽 모두
후진

접촉 주의

7 핸들을 1.5~3바퀴 오른쪽으로 돌려주고 전진하면서 주차를 마친다.

오른쪽 1.5~3바퀴
전진

2. 평행주차공식 상세설명

초보자가 가장 힘들어하는 주차 방법이 바로 평행 주차입니다. 연이어 2개의 주차 공간이 비어 있다면 전진하면서 쉽게 주차를 할 수 있지만, 딱 하나의 공간만 남아 있다면 앞서 설명한 것처럼 후진으로 주차를 해야 합니다. 후진의 회전반경이 전진의 회전반경보다 작기 때문에 좁은 공간에서도 쉽게 주차할 수 있답니다. 이걸 모르고서 차 머리부터 열심히 들이대다가는 날이 새도록 주차만 하고 있어야 할지도 모릅니다.

1 비상등을 켜고 주차선에 1m 간격으로 접근한다.

비상등은 뒤차에게 내 차가 주차를 할 것이니 주의하라는 의미로 켜는 것입니다.

2 B 차량의 뒤 범퍼와 내 차량의 뒤 범퍼를 나란히 하여 전진한 후, 핸들을 오른쪽으로 모두 감고 서서히 후진한다.

만약 도로 폭이 좁거나, 뒤에 따라오는 차가 있다면 비껴가기 쉽도록 1m를 띄우지 말고 가능한 B 차량에 붙여줍니다. 그 대신 내 차량이 B 차량보다 1m 정도 뒤로 나오게 한 후에 핸들을 오른쪽으로 모두 감고 서서히 후진하면서 3번 동작으로 연결하면 됩니다.

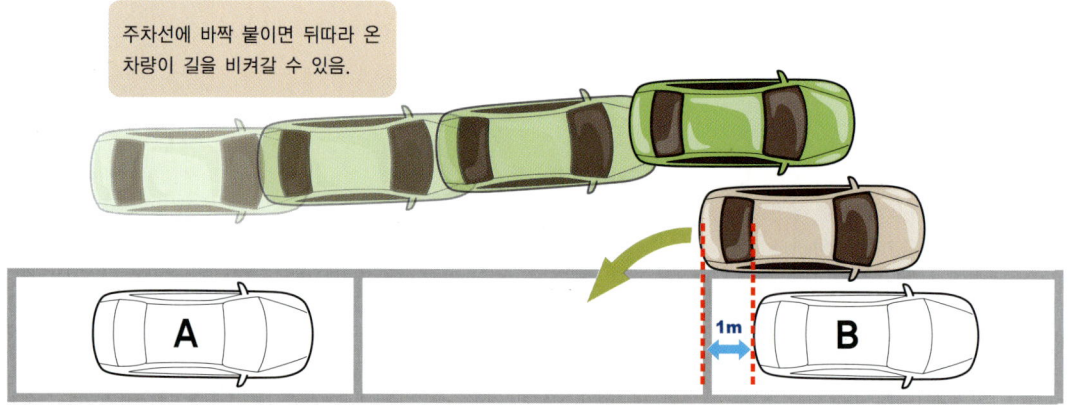

주차선에 바짝 붙이면 뒤따라 온 차량이 길을 비켜갈 수 있음.

3 A 차량의 범퍼가 왼쪽 사이드미러의 중앙에 오면 차를 멈춘다.

주차 공식은 적당한 주차 공간에 주차할 때를 기준으로 설명하고 있습니다. 그 때문에 A 차

량의 범퍼가 왼쪽 사이드미러의 중앙에 오면 차를 세울 경우 주차할 차의 각도는 주차 공식대로 보통 30도 정도로 만들어진답니다. 그런데 주차 공간이 일반적일 때보다 좁거나 넓은 경우도 있겠죠? 이럴 때는 주차 공간이 넓을수록 차량의 각도가 20도에 가까워지고, 좁을수록 40도에 가까워지게 된답니다. 다시 말해서 좁은 공간에 주차할 때는 각을 크게 만들어야 하지만 넓은 공간에 주차할 때는 각을 작게 만들어줘도 된다는 것입니다. 이 점, 참고하시고 확인해 보세요~!

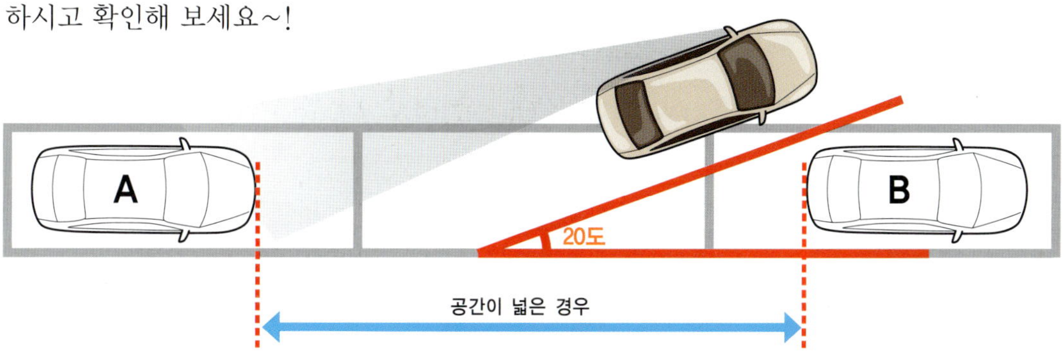

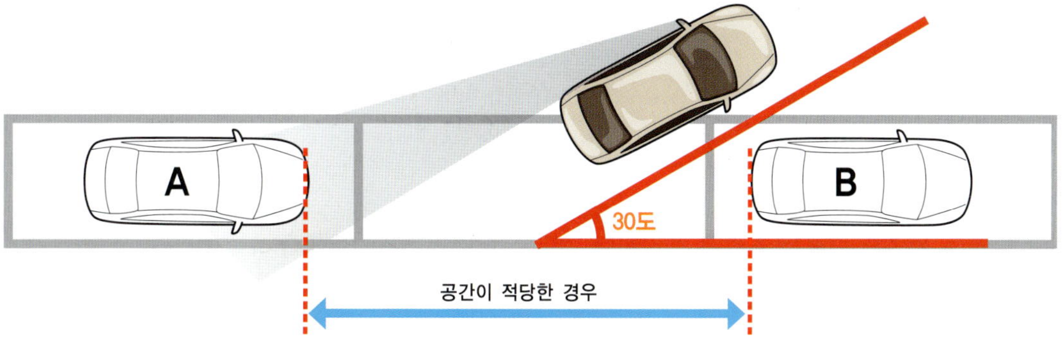

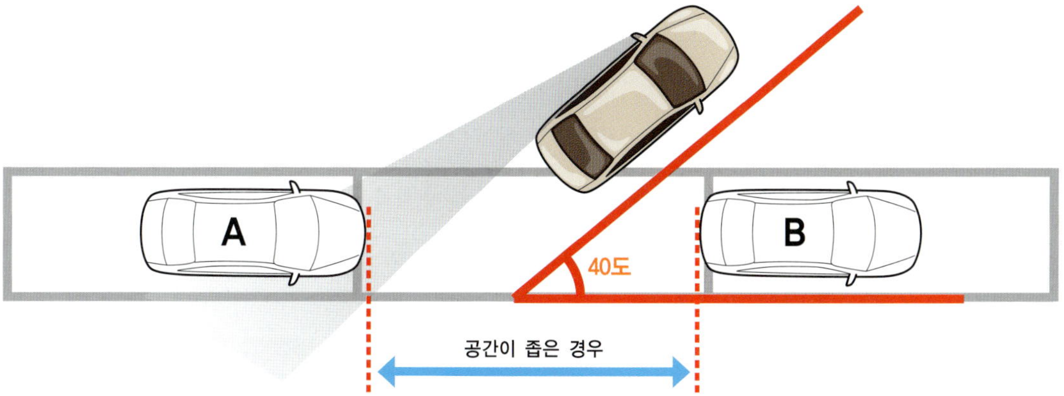

공간이 넓은 경우

공간이 적당한 경우

공간이 좁은 경우

4 핸들을 왼쪽으로 1.5바퀴 돌리고 차체 기울기대로 후진한다.

차체 기울기대로 후진을 하려면 오른쪽으로 모두 돌아간 핸들을 왼쪽으로 1.5 바퀴 돌려서 바퀴가 차체와 나란해지게 해야 합니다.

5 왼쪽 뒤 범퍼가 주차선을 살짝 넘으면 정지한다.

앞서 3번에서 설명한 것처럼 주차 공간에 따라서 차체의 기울기가 달라집니다. 그에 따라서 주차선을 넘어서 정지하는 기준도 다음과 같이 세 가지로 구분할 수 있습니다.

공간이 넓은 경우 — 20도 각도로 후진하고 범퍼모서리를 주차선안으로 깊게 집어넣는다.

공간이 적당한 경우 — 30도 각도로 후진하고 범퍼모서리가 주차선을 살짝 넘어가게 한다.

공간이 좁은 경우 — 40도 각도로 후진하고 범퍼 보서리를 주차선에서 멈추게한다.

6 핸들을 왼쪽으로 모두 돌리고 후진한다. 이때, A 차량이나 보도블록에 부딪히지 않도록 주의하며 가능한 주차선과 나란하게 차를 세운다.

적당한 주차 공간임에도 전 과정에서 후진할 때 뒤 범퍼가 주차선을 넘지 못했다면(기준보다 적게 후진했다면) 차체가 도로 쪽으로 튀어나오게 되고, 반대로 주차선을 너무 많이 넘으면(기준보다 많게 후진하면) 차체가 인도나 벽 쪽으로 넘어가게 됩니다.

7 핸들을 1.5~3바퀴 오른쪽으로 돌려주고 전진하면서 주차를 마친다.

똑바로 전진할 수 있도록 핸들을 돌려주면서 공간 안배를 하고 주차를 마칩니다.

2. 평행 주차 빠져나오기

1 핸들을 왼쪽으로 모두 돌려서 전진합니다. B 차량과의 간격이 상당히 좁아서 닿으려고 한다면 정지합니다.

2 핸들을 오른쪽으로 모두 돌리고 뒤쪽 장애물에 닿기 전까지 후진합니다.

3 다시 핸들을 왼쪽으로 모두 돌리고 전진합니다. 이때 뒤에서 달려오는 차는 없는지 살피고 안전하게 주차장을 빠져나갑니다.

알아두세요! 언덕길 주차 방법

 오르막길

 내리막길

수동변속기

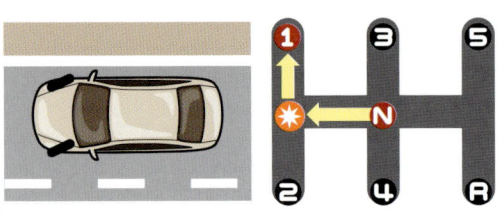

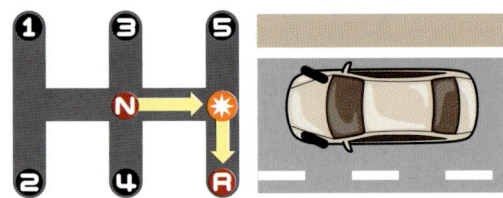

- 핸드브레이크를 올리고 기어를 **1단**에 넣어준다.
- 앞바퀴를 **도로** 쪽으로 향하게 한다.
  단, 보도블록이 없다면 도로 가장자리로 향하게 한다.

- 핸드브레이크를 올리고 기어를 **후진**에 넣어준다.
- 앞바퀴를 **보도블록** 쪽으로 향하게 한다.

*바퀴를 돌려놓는 이유 : 차가 구르더라도 보도블록에 바퀴가 걸려서 차를 멈추기 위함

자동변속기

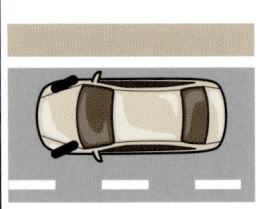 

- 핸드브레이크를 올리고 기어를 **P(주차)**에 넣어준다.
- 앞바퀴를 **도로** 쪽으로 향하게 한다.
  단, 보도블록이 없다면 도로 가장자리로 향하게 한다.

- 핸드브레이크를 올리고 기어를 **P(주차)**에 넣어준다.
- 앞바퀴를 **보도블록** 쪽으로 향하게 한다.

언덕길에 주차했다가 제동장치가 풀리면 차가 구르면서 큰 사고가 생길 수도 있기 때문에 만약을 위해서 세심한 주의가 필요합니다. 그래서 오르막이든 내리막이든 차가 굴러가더라도 보도블록이나 건물에 걸리도록 해야 합니다. 즉, 오르막길이라면 혹시 뒤로 밀리더라도 보도블록에 걸려서 더 이상 굴러가지 않도록 바퀴를 도로 쪽으로 모두 돌려놓아야 하고, 내리막길이라면 보도블록 쪽으로 돌려놓아야 한다는 것입니다.

앗싸! 완벽한 착지!

STEP 6

슈퍼병아리 되기

이제 당신은 슈퍼 병아리~!!

YOU CAN FLY!

Lesson 1 교통사고 대처 방법

사고가 나면 대처 방법을 모르는 초보운전자는 당황하기 마련이죠. 게다가 본인이 가해자인지 피해자인지 구분조차 못 한다면 어찌해야 할지 난처하기 그지없을 겁니다. 예전에는 상대편이 큰소리를 치기라도 하면 '내 잘못인가 보구나~!' 하고 인정해 버리는 초보자도 많았습니다. 그래서 '목소리 큰 놈이 이긴다!' 라는 정글의 법칙이 통하던 때도 있었죠. 그러나 요즘엔 운전자의 의식도 높아졌고 휴대전화로 보험사에 전화만 하면 현장 출동 서비스와 조언을 얻을 수 있기 때문에 예전처럼 도로 한복판에서 언성을 높일 필요가 없어졌습니다. 하지만 그렇다고 항상 보험회사만 믿고 있을 수만은 없습니다. 보험사에 연락을 취하기 어려운 상황도 있을 수 있으며, 상황에 따라 운전자가 먼저 사고 처리를 한 뒤 병원비와 차량 수리비만 보험사에 요청할 수도 있기 때문입니다.

01 사고 현장에서 (보험사의 현장 출동이 어려운 경우)

첫째, 사고가 나면 일단 정지하세요!

가해자든 피해자든 사고가 나면 일단 정차하고 사고를 확인해야 합니다. 만일 가해자가 교통을 방해한다는 이유로 차를 사고 장소에서 뺀다면 피해 차량의 차만이라도 정차시켜서 사고 지점에서 증인이나 증거물을 확보해야 합니다. 그러나 사고 정도가 매우 가볍고 교통체증의 피해가 크다면, 일단 차를 갓길로 빼주는 것이 좋습니다.

둘째, 큰 부상자가 있으면 우선 병원에 후송해야 합니다.

다친 사람이 있는지 확인하고 부상이 심할 경우 구급 차량으로 병원에 후송해야 합니다. 피해자는 강한 충격을 받았다면 외상이 없다 하더라도 의사의 진단을 받아두는 것이 좋습니다. 그렇지 않으면, 나중에 후유증이 발생해도 제대로 배상받지 못할 수도 있습니다.

셋째, 사고 정황과 증거물 및 증인을 확보하세요.

증거물 확보는 먼저 스프레이나 못 등으로 가해 차량과 피해 차량의 바퀴를 위치를 도로 바닥에 표시하거나 휴대폰으로 사고 현장을(자동차 파편 및 스키드마크 등 사고 지점을 다각도로 촬영) 찍어놓습니다. 신호 위반으로 인한 사고처럼 가해자와 피해자가 뒤바뀔 수 있는 경우에는 가해자에게 사고경위서를 받아 두거나, 목격자의 진술이 중요하므로 증인을 확보하는 것이 좋습니다.

딱히 증인으로 나서는 사람이 없다면 사고를 목격한 사람(사고 당시 앞, 뒤에 있던 차량이나 주변 사람)의 연락처나 차 번호라도 일단 적어두는 것이 좋습니다. 그렇지 않으면, 나중에 가해자가 과실을 부인할 경우, 가해자와 피해자가 뒤바뀌어서 억울한 일을 당할 수도 있답니다. 물론 최근에는 증인 역할을 차량 블랙박스가 톡톡히 대신해 주고 있죠. 이렇게 사고 정황에 관한 증거들을 잘 확보해야 과실 비율이 객관적으로 정해지게 되고, 그래야 제대로 된 보상을 받을 수도 있습니다.

사고시 적어두어야 할 사항

1. 사고차종 및 자동차번호
2. 가해자, 피해자의 인적사항
   (운전자 성명, 동승자 인원수, 주민등록번호, 연락처)
3. 가해자 및 피해자 보험사 연락처
4. 부상자 연락처와 병원
5. 차량수리공장 연락처
6. 목격자 성명, 연락처

넷째, 보험사에 전화해서 조언을 들으세요!

보험회사에 전화해서 과실 비율이나 사고 처리 방법, 보험 처리 여부 등의 조언을 들어보고 잘못되거나 빠진 것은 없는지 검토해 봅니다.

다섯째, 가해자는 경찰에 신고할 의무가 있습니다.

사람이 다치지 않은 가벼운 사고이거나 사람이 작은 부상을 입었어도 원만히 합의됐다면 경찰에 신고하지 않아도 됩니다. 하지만 부상이 작지 않고 분쟁의 소지가 있다면 경찰에 신고해야 합니다. 사고 경험이 없는 운전자들은 경찰서에 신고하면 보험회사에도 사고 사실이 통보되는 줄로 착각하는 경우도 있는데, 둘은 전혀 무관하므로 경찰과는 별도로 보험사에 사고 사실을 통보하고 보험 처리를 해야 합니다.

02 보험회사에서

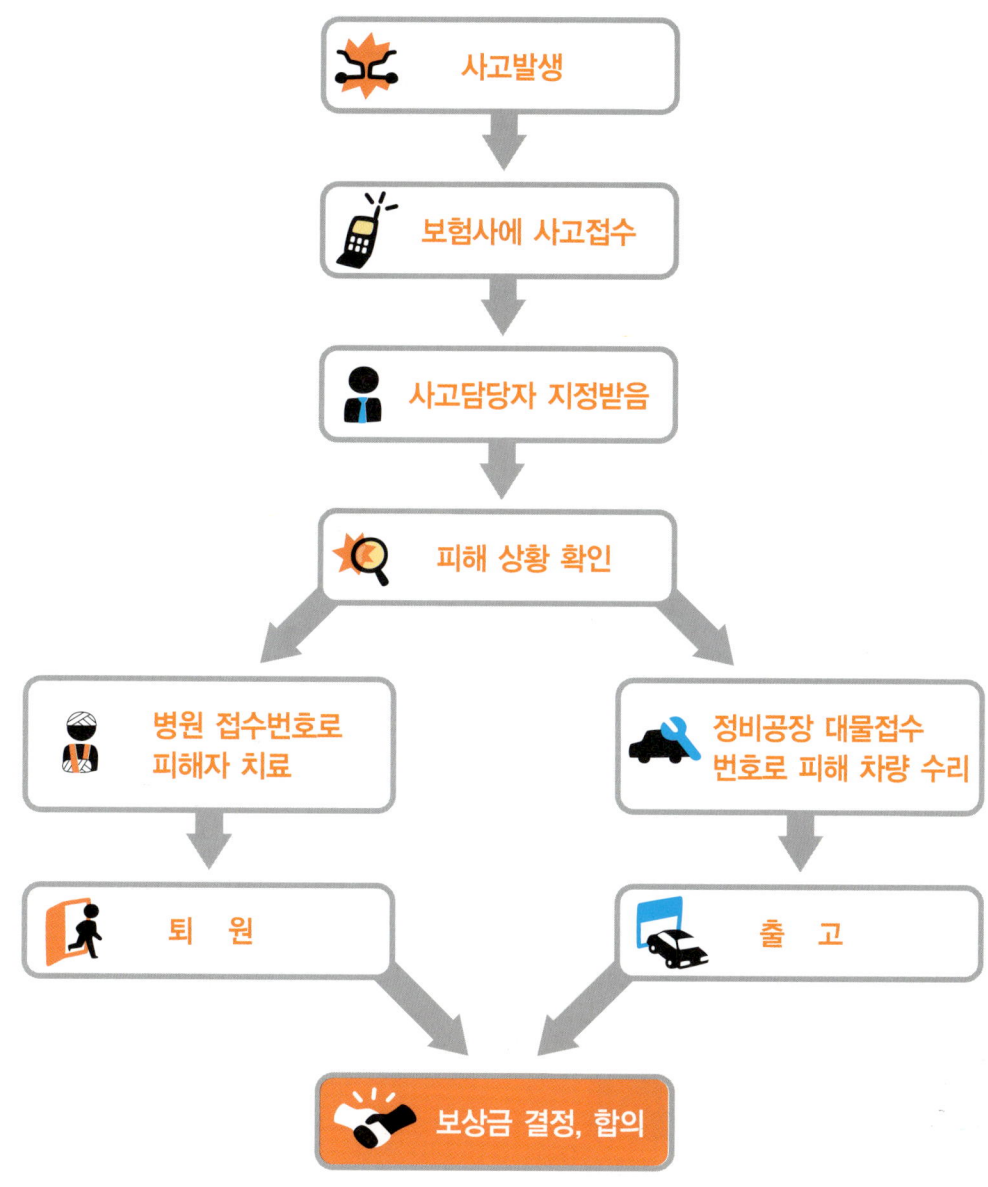

경찰서에서

경찰서 신고

↓

사고 현장 경찰 출동

↓

현장 검증 및 사고 원인 조사

일반 교통 사고
공소권이 없는 사고

- **가해자**: 진술서 작성 / 보험가입사실 증명원 제출
- **피해자**: 진술서 작성 / 진단서/피해물 견적서 제출

↓

스티커 교부 / 면허증 반환

↓

사고 운전자 귀가

사망 도주 특례법상 10개 항 위반사고
공소권이 있는 사고

- **가해자**: 진술서 작성 / 보험가입사실 증명원 제출
- **피해자**: 진술서 작성 / 진단서/피해물 견적서 제출

↓

영장 / 지휘 청구

↓ ↓

구속수사 / 불구속입건

↓ ↓

유치장 수감 / 사고운전자 귀가

↓

법원 판결
법률형, 징역, 금고형, 집행유예

경찰에 신고하면?

사람이 다치지 않은 가벼운 사고라면 굳이 경찰서에 신고하지 않아도 되겠지만, 사람이 응급실에 가야 할 정도로 다치고, 12대 중과실 위반 사고의 소지가 있다면 사고 장소에서 가장 가까운 경찰서에 신고할 의무가 있습니다. 경찰이 사고 현장에 출동하면 사고 원인을 조사하고 현장을 검증한 후에 가해자와 피해자 모두 경찰서로 가서 사고 경위서를 작성하게 되는데, 이때 경찰이 관심을 두는 것은 손해배상이 아니라 가해자와 피해자를 가리고 쌍방에게 어떤 위반 사실과 처벌을 결정 내리는가입니다. 사실 가해자에게 신고의 의무가 있긴 하지만 신고를 해서 좋을 건 없는 셈이죠! 그래서 실제로는 사람이 조금 다쳤더라도 가해자가 피해자에게 보험 처리를 약속하고 경찰에 신고하지 않는 경우가 많습니다. 피해자 입장에서도 작은 사고이고 배상 문제만 확실하다면 경찰서에서 시간을 허비하고 싶지는 않을 겁니다. 여하튼 만약 경찰에 신고가 됐다면 사고 경위서를 작성하게 되는데, 사실을 토대로 작성하되 가급적 자신의 입장을 잘 기술하고 잘못 기재된 내용은 바르게 수정해야 합니다.

어떤 처벌을 하나?

형사처벌

교통사고 발생 시 가해자에게는 원칙적으로 형사처벌의 책임이 주어집니다. 그런데 고의도 아닌 교통사고를 모두 형사 처벌한다면 콩밥 먹지 않을 운전자가 없겠죠. 그래서 피해자와 원만히 합의하거나, 종합보험에 가입됐다면 교통사고처리 특례법에 따라서 형사처벌을 면제 시켜 준답니다. 단, 사망 사고, 뺑소니 사고, 12대 중과실 사고와 같이 특수한 경우는 종합보험에 가입되어 있어도 처벌을 받게 되니 더욱 조심해야 합니다.

행정처벌

종합보험 덕분에 형사처벌을 받지 않는다고 하더라도 위반 사항이나 사고 정도에 따라서 면허정지나 취소 등의 행정처분을 받을 수 있습니다.

교통사고 대처 방법

12대 중과실 위반 사고 ➜ 이런 사고는 형사처벌 됩니다!

1) 신호 또는 지시 위반 사고

신호기가 설치되어 있고 작동 중임에도 이를 무시하고 운행(점멸 신호등은 제외)한 경우와 교통 정리를 위한 경찰관의 지시를 위반한 경우.

2) 중앙선 침범 사고

고의, 의도적 중앙선 침범, 고속도로, 자동차 전용도로에서의 횡단, 유턴, 후진 중 사고가 발생한 경우 등에 해당. 단, 장애물 출현으로 사고 위험을 느끼고 급히 피하다가 중앙선을 침범한 사고, 아파트 단지 내 사설 중앙선 침범 사고 등은 예외.

3) 20km/h 이상의 규정 속도 위반 사고

빗길에서 규정 속도의 20/100을 감속하지 않고 운행하던 중 발생한 사고, 제한속도 20km/h 초과하여 운전 중 발생한 사고 등.

4) 앞지르기 방법 및 금지 위반 사고

고속도로를 포함하여 앞지르기 방법, 금지 시기, 금지 장소 또는 끼어들기 금지를 위반했을 경우.

5) 철길 건널목 통과 방법 위반 사고

철길 건널목을 통과하고자 할때에는 그 직전에서 일시 정지한 다음 안전함을 확인하고 통과하여야 합니다. 단, 신호등이 표시하는 신호에 따르는 때에는 정지하지 않고 통과할 수 있습니다.

6) 횡단보도상의 보행자 보호 의무 위반 사고

신호등이 없는 횡단보도, 또는 신호등 있는 횡단보도의 보행자 사고는 보행자 보호 의무 위반으로 형사입건 처리합니다. 단, 횡단보도를 자전거 또는 이륜차를 타고 건너는 사람과의 사고, 아파트 단지 내 주민이 설치한 사설 횡단보도에서는 형사처벌을 받지 않습니다.

7) 무면허 운전 사고

면허를 받지 않은 자가 운전하는 경우, 면허 취소 또는 정지 기간 중 운전 등의 사고는 종합보험 보상 혜택도 받지 못할 뿐만 아니라 형사처벌의 대상이 됩니다.

8) 음주 운전, 약물 복용 운전 사고

혈중알코올농도 0.03%~0.08%를 초과하여 운전을 하다 사고가 나면 형사처벌 받습니다.

9) 보도 침범

보행자가 다니는 보도를 침범하여 운전하거나, 보행자의 통행을 방해하지 않아야 하는 보도 횡단 방법을 위반하여 사고가 발생한 경우.

10) 승객의 추락 방지 의무 위반 사고

모든 차량 운전자는 승객을 승하차시키고 출발할 때는 승객이 완전히 승하차한 것을 확인하고 문을 닫은 후에 안전하게 출발하여야 합니다. 만일, 문을 열고 발차하다가 사고가 발생하면 형사처벌을 받게 됩니다.

11) 어린이보호구역 위반 사고

어린이보호구역에서 시장 등이 정한 조치를 준수하고 어린이의 안전에 유의하면서 운전할 의무를 위반하여 어린이의 신체를 상해에 이르게 한 경우 (기존 10대 중과실 사고에서 2009년 12월 '어린이보호구역 안전운전 의무 위반' 항목이 추가됨)

12) 화물고정조치 위반

자동차의 화물이 떨어지지 않도록 조치를 취하지 않고 운전을 하다가 사고가 발생한 경우. (기존 11대 중과실 사고에서 2017년 12월 '화물고정조치 위반' 항목이 추가됨)

형사합의

앞서 말했듯이 사망사고, 뺑소니 사고, 12대 중과실 위반 사고를 일으킨 경우 가해 운전자는 형사처벌을 받게 됩니다. 이때 피해자가 가해자의 형사처벌을 원하지 않는다는 형사 합의를 하게 되면 가해 운전자가 좀 더 관대한 처벌을 받을 수 있답니다. 일반적으로 합의서를 써 주는 조건으로 피해자 측은 민사상의 보상금(치료비 및 손해배상금) 외에 별도의 형사합의금을 요구하게 됩니다. 이 형사합의금은 정해진 기준이 없이 가해자의 경제력이나 피해자의 피해 정도 등에 따라서 결정하게 됩니다.

 ● 자주 발생하는 사고의 과실 비율

차선 변경 사고 시 과실 비율

사고 형태 ▶	일 반	차선 변경 금지 장소	신호 없는 끼어들기	외형상 후방 추돌
A 끼어든 차	70	90	80	60
B 직진 차	30	10	20	40

차선 변경 금지 장소라면 20%, 깜빡이를 켜지 않았다면 10%의 과실을 각각 끼어든 차에게 추가합니다.

끼어드는 차가 급격히 들어오는 바람에 직진 차가 끼어든 차의 후미를 추돌하여 외형상 후방 추돌로 보이는 경우, 사고 정황을 입증한다면 끼어들기 사고로 간주하여 끼어든 차 60%, 직진 차 40%의 과실이 주어지게 됩니다.

추월 사고 시 과실 비율

사고 형태 ▶	일 반	앞지르기 방해	앞지르기 금지 장소
A 추월한 차	80	60	90
B 추월당한 차	20	40	10

앞지르기를 방해했다면 추월당한 차에 20% 과실이 추가됩니다. 앞지르기가 금지된 상황이거나, 앞지르기 금지 장소에서 추월하다 사고가 나면, 추월한 차에 10%의 과실을 추가하게 됩니다.

앞지르기 금지 상황
앞차의 좌측에 다른 차가 나란히 가고 있는 때에는 앞지르지 못합니다. 앞차가 다른 차를 앞지르고 있거나 앞지르고자 할 때는 앞지르지 못합니다.

앞지르기 금지 장소
교차로, 커브길, 비탈길의 고갯마루 부근, 다리 위, 터널 안, 기타 시 도지사가 지정한 곳

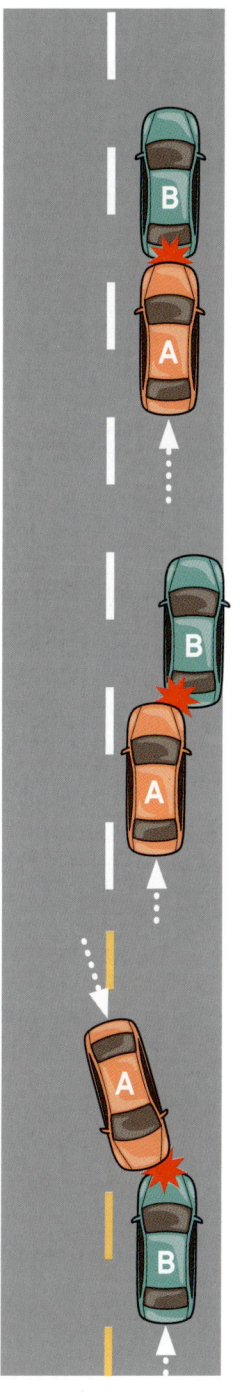

후방 추돌

사고 형태 ▶	일 반	앞 차의 이유 없는 급제동
A 뒷 차	100	80
B 앞 차	0	20

이유 없는 급제동이란?

손님을 태우기 위한 택시의 급정거, 뒤 차를 위협하기 위한 고의적인 급정거, 운전 미숙으로 액셀과 브레이크를 혼동한 급정거 등을 말합니다.

주차된 차와 직진 차와의 사고

사고 형태 ▶	일 반	주정차 위반, 주차 금지 장소 일 경우
A 직진 차	100	90~100
B 주차 중인 차	0	0~10

중앙선 침범 사고

사고 형태 ▶	일 반	직진 차의 과실이 인정될 때
A 중앙선 침범 차	100	80~90
B 직진 차	0	10~20

직진 차의 과실이란?

중앙선 침범 차가 추월 중이었고 직진 차가 과속이었거나 직진 차 A에도 과실이 있다고 판단되면, 직진 차에도 10~20% 과실을 부과합니다

교통사고 대처 방법

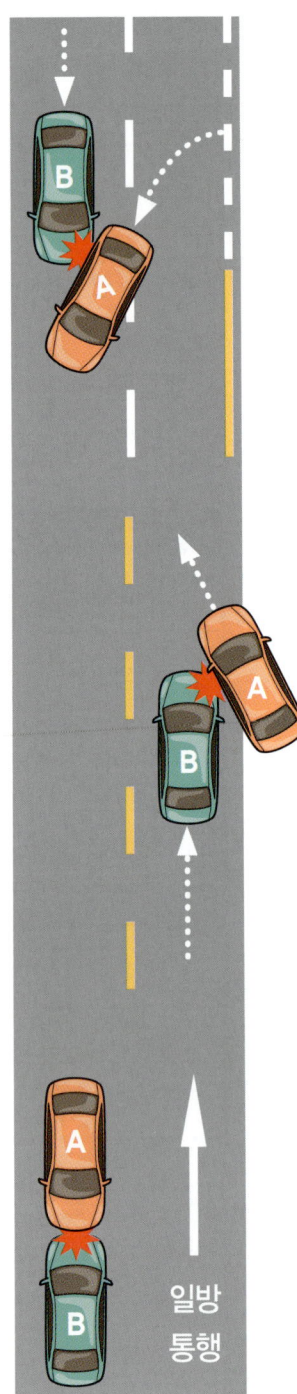

직진 차와 유턴 차와의 사고			
사고 형태 ▶	일 반	유턴 완료 직후 직진 차와의 사고	유턴 금지 장소 에서의 사고
A 유턴 차	80	60	90~100
B 직진 차	20	40	0~10

유턴 금지 장소에서 유턴했거나 신호 위반이라면 유턴 차에게 10~20%의 과실이 추가됩니다.

노외에서 도로로 진입하는 차와 도로에서 직진하는 차와의 사고			
사고 형태 ▶	일 반	직진 차의 속도 위반	노외 차 선진입
A 노외 진입 차	80	60~70	70
B 직진 차	20	30~40	30

노 외에서 도로로 진입하는 차란 주유소나 건물 주차장에서 도로로 진입하는 등의 차를 말합니다. 직진 차가 10km 이상 속도위반할 경우 10%, 20km 이상 속도위반할 경우 20%의 과실이 추가됩니다. 차량의 앞부분만 내고 대기하거나 먼저 진입한 노 외 차를 직진 차가 박았을 경우는 직진 차에 10%의 과실이 추가됩니다.

역주행 사고		
사고 형태 ▶	일 반	직진 차의 과실이 인정될 때
A 역주행 차	100	80
B 직진 차	0	20

역주행 차를 미리 발견할 수 있거나 피할 수 있는 경우, 직진 차에 20% 과실이 추가됩니다.

2개 차로 좌회전 중 차선 침범 사고	
사고 형태 ▶	일 반
A 가상선 침범 차	70
B 정상 주행 차	30

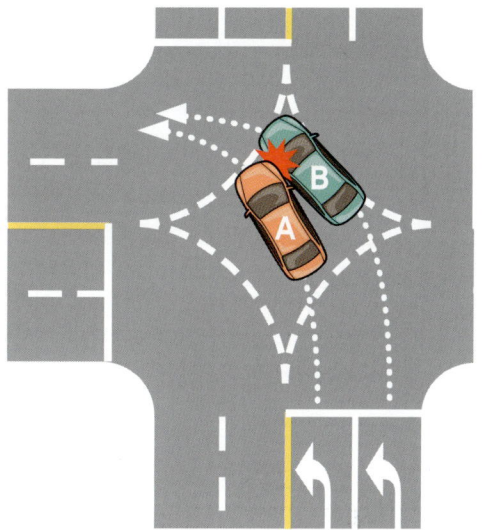

2개 차로의 좌회전이 허용되는 구간에서 좌회전하는 중에도 차선을 지켜줘야 하는데 잘 지키지 않는 경우가 많습니다. 교차로 내에는 좌회전 차선이 그려져 있지 않은 경우가 많기 때문인데, 사고가 발생하면 가상 차선을 그리고 차선을 침범한 차의 과실을 크게 부과합니다.

우회전 차를 추월하는 뒤 차와의 사고	
사고 형태 ▶	일 반
A 우회전 추월 차	100~70
B 우회전 차	0~30

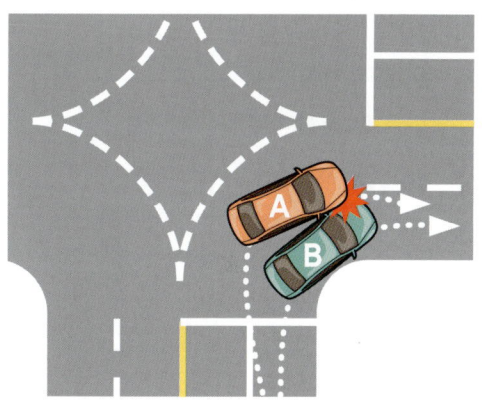

우회전하는 차를 뒤따라오던 차가 무리하게 추월하다가 부딪히는 사고입니다.

우회전 차와 주정차 후 출발 차와의 사고	
사고 형태 ▶	일 반
A 주정차 후 출발 차	80
B 우회전 차	20

우회전 차가 길을 막고 정차한 차량을 넘어서 우회전을 하고 있는데 정차한 차량이 출발하는 바람에 부딪히게 된 사고입니다. 이 경우는 정차했던 차가 안전을 확인하지 못하고 출발한 잘못이 있습니다.

우회전 차와 직진 차와의 사고

교차하는 도로폭이 같을 때

사고 형태 ▶	동시 진입	우회전 차 선진입	직진 차 선진입
A 우회전 차	50	40	60
B 직진 차	50	60	40

속도위반을 했거나 과실이 중한 쪽에 10~20%의 과실을 추가합니다.

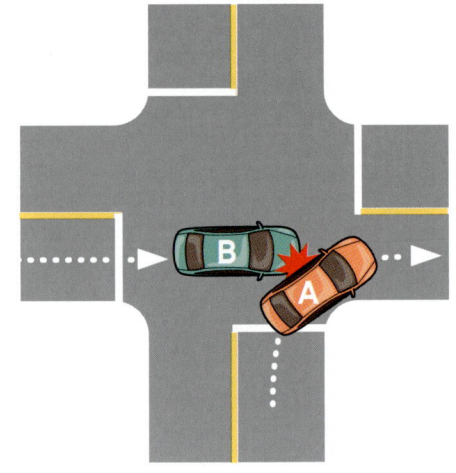

우회전 측 도로폭이 작을 때

사고 형태 ▶	동시 진입	우회전 차 선진입	직진 차 선진입
A 우회전 차	70	60	80
B 직진 차	30	40	20

속도위반을 했거나 과실이 중한 쪽에 10~20%의 과실을 추가합니다.

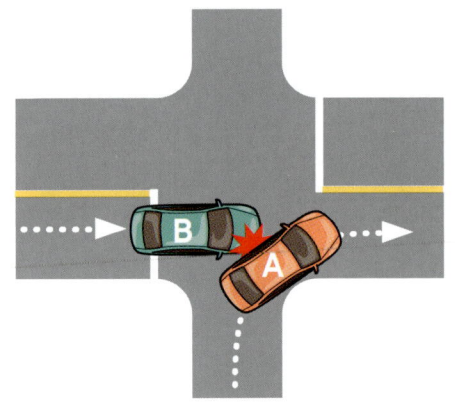

우회전 측 도로폭이 클 때

사고 형태 ▶	일 반	우회전 차 선진입	직진 차 선진입
A 우회전 차	30	20	40
B 직진 차	70	80	60

속도위반을 했거나 과실이 중한 쪽에 10~20%의 과실을 추가합니다.

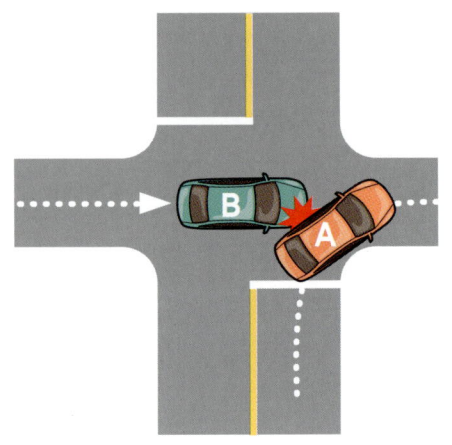

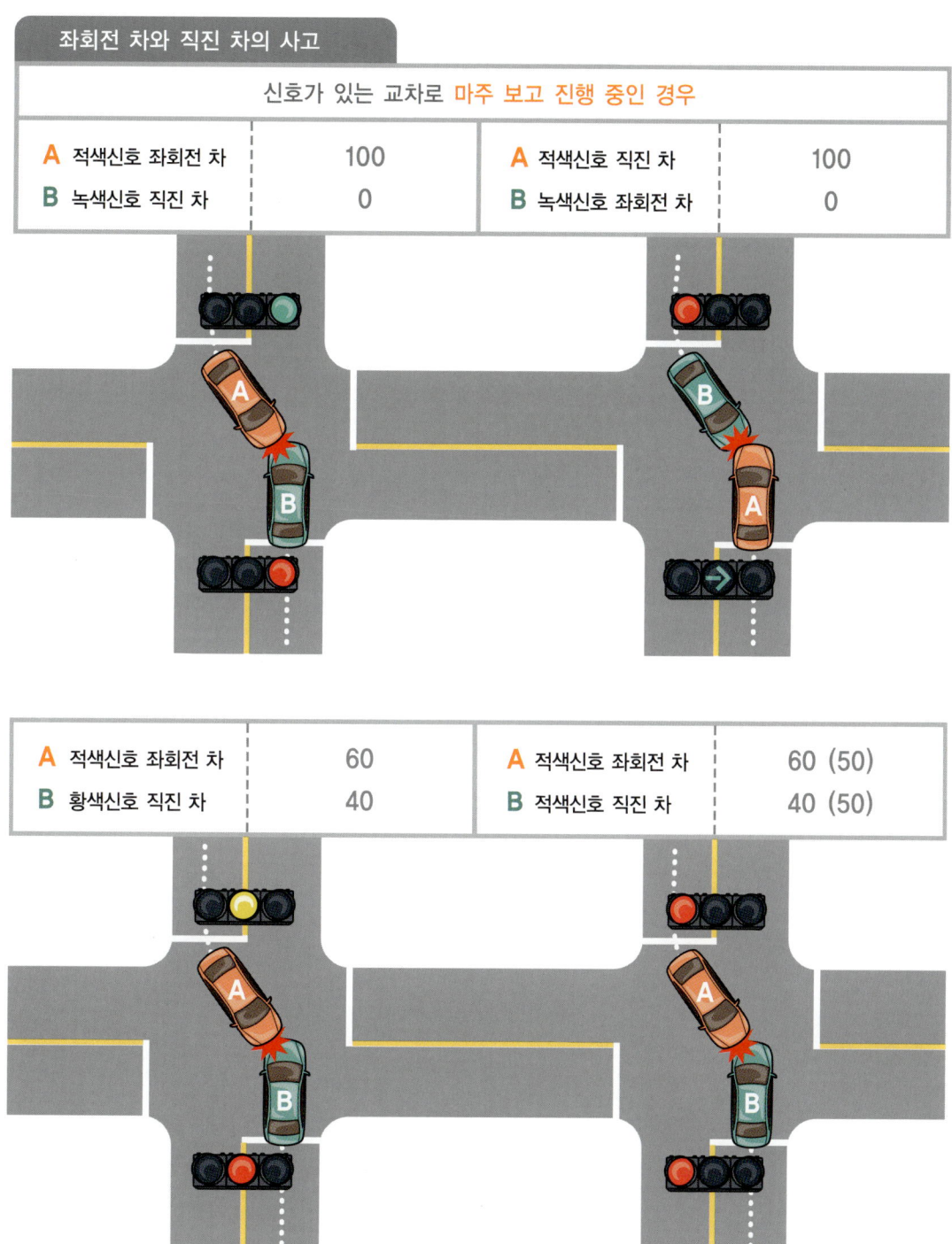

교통사고 대처 방법

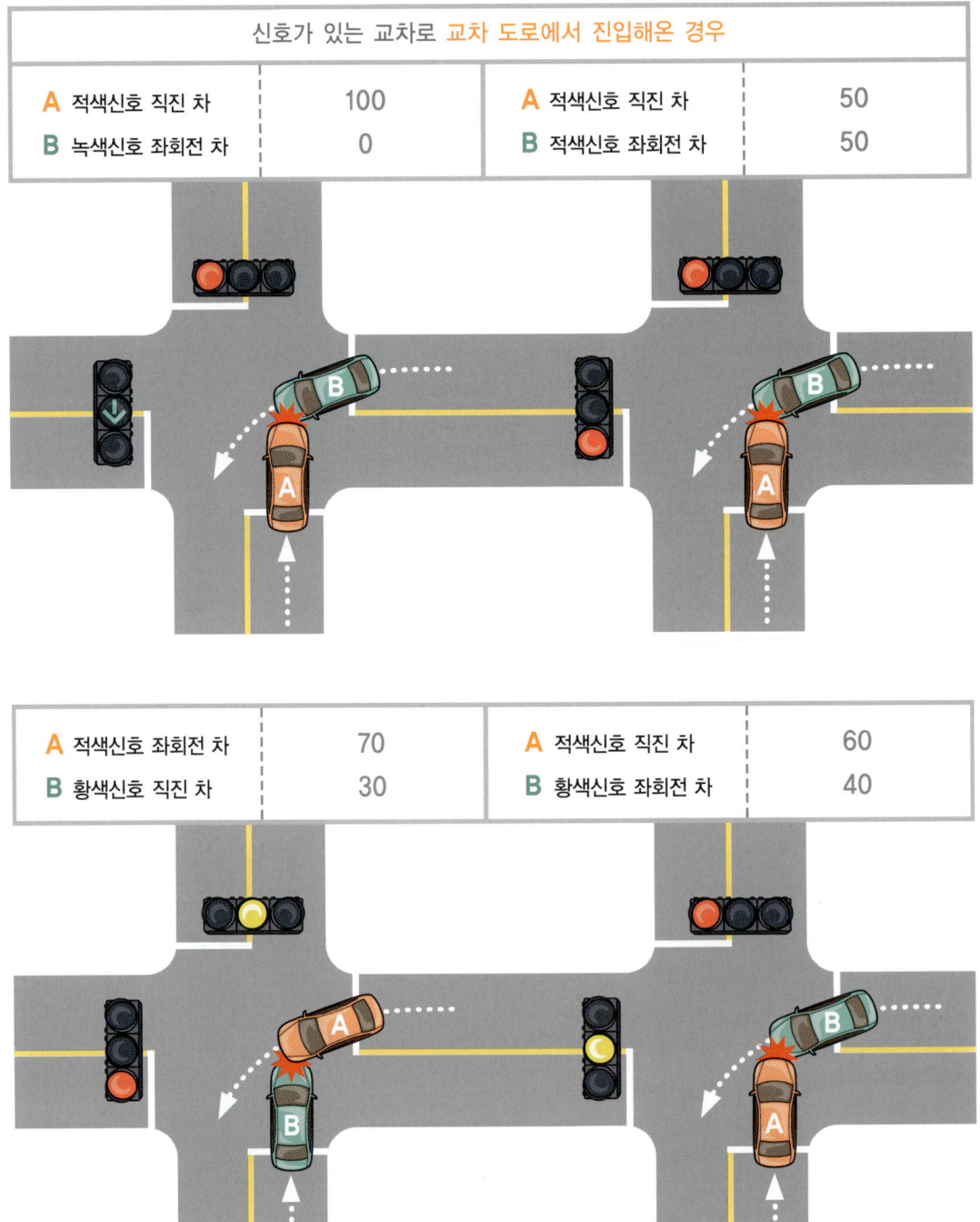

신호가 있는 교차로 교차 도로에서 진입해온 경우			
A 적색신호 직진 차	100	A 적색신호 직진 차	50
B 녹색신호 좌회전 차	0	B 적색신호 좌회전 차	50
A 적색신호 좌회전 차	70	A 적색신호 직진 차	60
B 황색신호 직진 차	30	B 황색신호 좌회전 차	40

신호가 없는 교차로 동일 폭의 교차로					
A 좌회전 차	70	A 좌회전 차	70	A 좌회전 차	60
B 직진 차	30	B 직진 차	30	B 직진 차	40

신호가 없는 교차로 대로와 소로가 만나는 교차로					
A 좌회전 차	80	A 좌회전 차	50	A 좌회전 차	55
B 직진 차	20	B 직진 차	50	B 직진 차	45

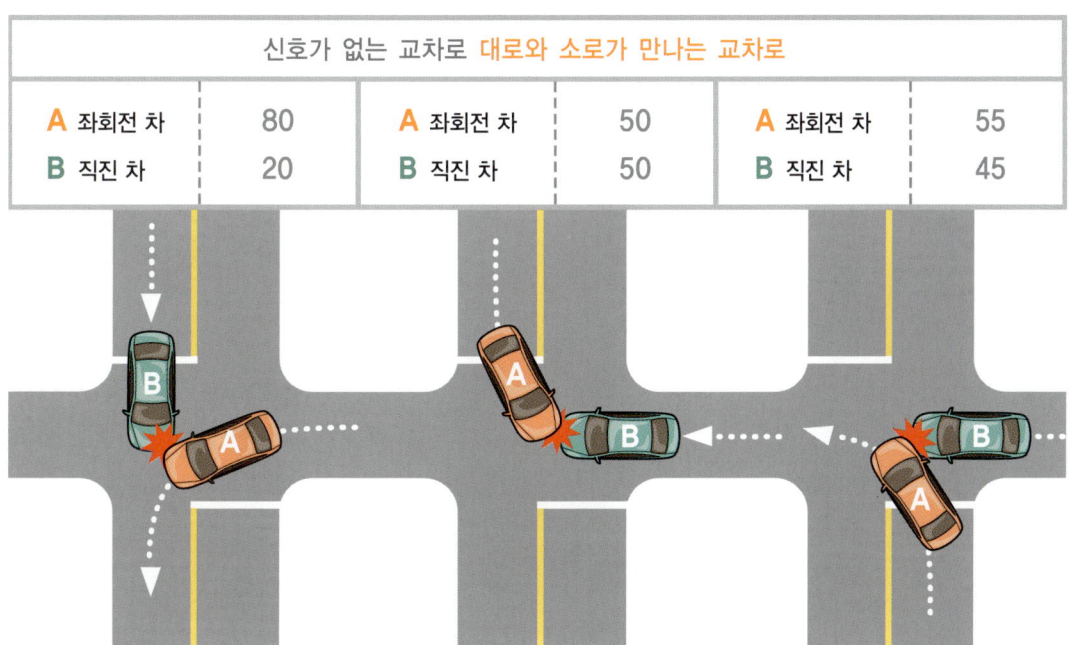

215

Lesson 2 센스있는 차량 관리

01 트렁크에 있어야 할 것들

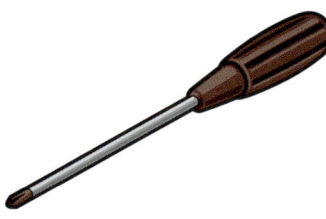

드라이버
나사를 조이거나 풀 때 사용하는데, 가급적 손잡이를 바꿔 끼우면서 일자(-)와 십자(+)를 공용으로 사용할 수 있는 것이 좋습니다. 본문에서는 타이어 휠 캡을 떼어낼 때도 씁니다.

휠너트 렌치
타이어의 너트를 조이거나 풀 때 사용. 시계 방향으로 돌리면 조여지고, 반시계방향으로 돌리면 풀립니다.

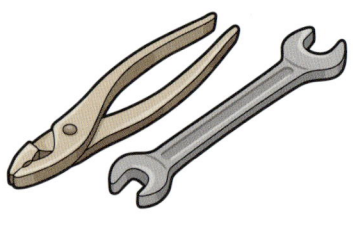

플라이어
물체를 집거나 고정할 때 사용합니다.

스패너
볼트와 너트를 조이거나 풀 때 사용합니다.

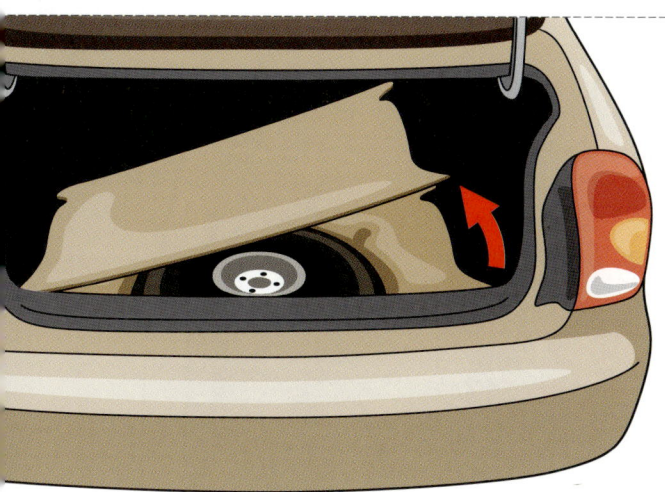

스페어 타이어
트렁크 바닥을 들어보면 타이어 펑크 시 대체용으로 쓸 스페어타이어가 있습니다. 스페어타이어의 상태를 미리 점검하고 공기압도 평소보다 10% 정도 높여서 보관하는 것이 좋습니다.

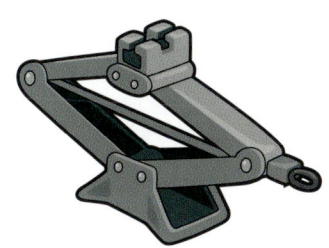  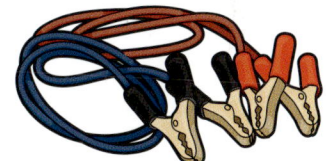

잭
타이어 교체 등을 위해 차체를 들어 올리기 위해 필요한 장비입니다.

고장 표시 삼각대
고장 등의 이유로 고속도로 중간에 차를 세우면 뒤 차에 주의를 주기 위해 후방 100m에 고장표시 삼각대를 설치해야 합니다.

배터리 점프선
배터리가 방전되었을 때 시동을 걸기 위해 필요합니다.

차량용 소화기
엔진에서 화재가 발생할 수도 있습니다. 이때를 대비해서 자동차 전용 소화기를 비치해 둬야 합니다.

02 엔진룸 살펴보기

❶ 냉각수 보조탱크
냉각수의 양을 확인하고 보충해주는 탱크입니다.

❷ 파워스티어링오일 탱크
파워 핸들을 작동하는 오일 양을 확인하고 보충해주는 탱크입니다.

❸ 워셔액 주입구
창문에 워셔액이 뿌려지지 않는다면 워셔액을 보충해주세요.

❹ 압력캡
자동차가 오버히팅할 때 김이 피어오르는 곳이 바로 여기입니다.

❺ 엔진오일 게이지
엔진오일양을 점검할 때 이 게이지를 뽑아서 확인합니다.

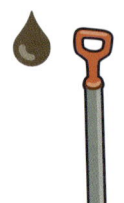

❻ 자동변속기오일 게이지
자동변속기오일 양을 점검할 때 이 게이지를 뽑아서 확인합니다.

❼ 브레이크오일 탱크
브레이크오일의 양을 확인하고 모자라면 보충해줍니다.

❽ 휠 하우스
바퀴를 지지하고 정렬을 잡아주는 중요한 부분입니다. 그 때문에 중고차를 살 때 사고 유무를 꼭 확인해야 하는 부분이기도 합니다. 만약, 이 부분이 사고로 인해 수리한 흔적(용접)이 있다면 큰 결함이 우려되므로 구입하지 않는 것이 좋습니다.

❾ 에어필터
엔진으로 들어가는 공기의 먼지를 제거하는 역할을 합니다 사람으로 치면 코에 해당하는 부분이죠.

❿ 퓨즈 박스
각종 전구나 전기장치의 고장은 대부분 퓨즈 박스에서 퓨즈를 교환하는 것만으로도 간단히 해결할 수 있습니다.

⓫ 배터리
전기를 저장하고 공급해주는 배터리입니다.

⓬ 팬벨트
팬벨트는 워터펌프와 발전기를 돌려주는 벨트로써 이게 고장 나면 냉각수가 순환하지 못할 뿐 아니라 발전기도 제 역할을 하지 못하게 된답니다. 비상시 팬벨트가 끊어지면 스타킹으로 대신 연결해 줘도 된다는 말이 있는데, 과연 실제 가능한지는 미지수입니다.

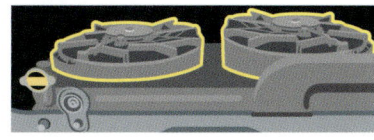

⓭ 냉각팬
냉각팬에는 라디에이터팬과 에어컨팬 두 개의 프로펠러가 있습니다. 간단히 말해서 선풍기처럼 바람을 만들어서 엔진을 식혀주는 일을 합니다.

⓮ 엔진오일 주입구
엔진오일을 보충하거나 교환할 때 바로 이 뚜껑을 열고서 주입합니다.

운전할 줄 안다고 해도 차에 대해서는 잘 모르는 운전자가 상당히 많습니다. 기계에 대한 거부감일 수도 있고, 당장 발등에 불이 떨어져야 필요성을 느끼기 때문일 수도 있습니다. 물론 운전자가 모든 기계장치에 대해서 전문가가 될 수는 없겠죠. 하지만 여러분의 차를 잘 보살펴 주려면 엔진룸과는 좀 친해질 필요가 있습니다. 예전에 차체 바닥으로 액체가 떨어지고 있다는 걸 발견한 한 초보자가 깜짝 놀라서 필자에게 다급히 전화를 걸었던 적이 있었습니다.

"큰일 났어요! 차에서 파란색 액체가 차에서 떨어져요~! 이게 뭐죠?"
"혹시 와이퍼 작동할 때 워셔액을 뿌리셨나요?"
"예, 뿌렸죠!"
"걱정할 거 없습니다. 워셔액이 흘러서 떨어지는 거예요."
"아~ 예! 하하하…. 난 또 큰일 일어난 줄 알고~!"

여러분이라면 어땠을까요? 아마 대부분은 비슷한 반응을 보이지 않았을까 싶군요! 워셔액뿐만 아니라 차에서 물이 떨어질 수도 있습니다. 여름철에 에어컨을 작동하면서 생긴 물방울이 차 바닥으로 떨어지는데 이런 현상을 처음 본 사람은 수리비로 깨질 돈 생각 하면서 당황하기 마련이죠. 지금 설명한 것처럼 워셔액이나 에어컨 물방울은 전혀 걱정할 일이 아닙니다. 그러나 엔진룸에서 다른 액체나 기름이 떨어진다면 주의 깊게 점검해 볼 필요가 있답니다. 엔진룸의 구성은 차마다 조금씩 다르지만, 구조적으로 크게 봐서는 모두 흡사하다고 할 수 있습니다.

엔진오일 관리하기

엔진오일은 엔진의 성능에 중요한 역할을 하므로 주행거리나 사용 기간에 맞게 오일필터와 함께 정기적으로 보충, 교환해 주어야 합니다. 만약 교환을 소홀히 하면, 엔진의 소음이 커지고 출력이 떨어지게 되며 심한 경우엔 엔진이 고장 날 수도 있습니다. 초보운전자 중에는 이 점을 모르고서 계속 운행하다가 차에 이상이 생기고 나서야 정비를 받는 일이 많으니 주의하세요.

> **엔진오일 교환 주기**
> 최초 1,000km에서 교환
> 매 10,000km마다 교환
> (가혹 조건 : 5,000km마다 교환)

엔진오일 점검 방법

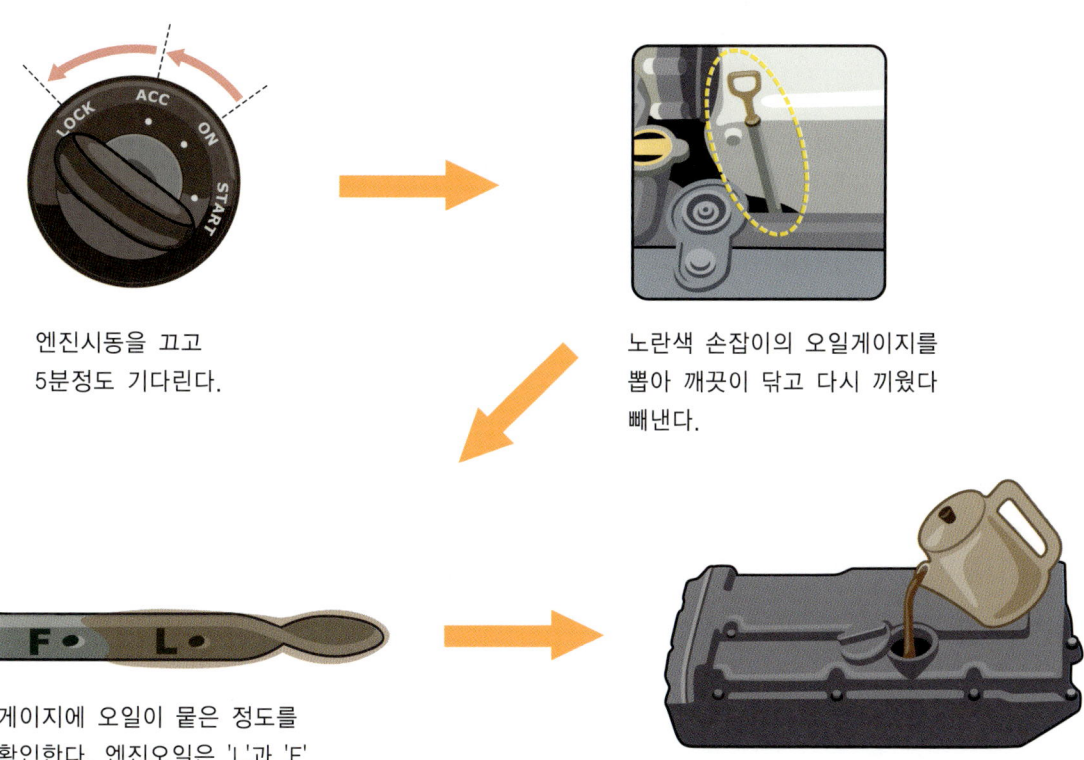

엔진시동을 끄고 5분정도 기다린다.

노란색 손잡이의 오일게이지를 뽑아 깨끗이 닦고 다시 끼웠다 빼낸다.

게이지에 오일이 묻은 정도를 확인한다. 엔진오일은 'L'과 'F' 사이에 있어야 정상임.

엔진오일이 'L'이하이거나 묻어나지 않으면 'F'에 가깝게 보충하거나 정비소에서 새 오일로 교환한다.

에어필터 교환하기

에어필터는 사람의 코처럼 먼지나 입자가 엔진 연소실 안에 들어가지 않도록 걸러주는 역할을 합니다. 보통은 엔진오일과 함께 에어필터도 같이 교환해 주지만, 중간에 한 번씩 청소를 해주면 더 좋습니다.

에어필터 교환 주기
5,000km마다 청소
40,000Km마다 교환

변속기 오일 관리하기

수동변속기오일 점검

수동변속기오일을 측정하려면 차를 리프트로 들어 올려야 하는 등 다소 번거롭기 때문에 오일 점검 및 교환은 가까운 정비업체에 가서 해야 합니다.

수동변속기오일 교환 주기
최초 10,000km에서 교환

자동변속기오일 점검(시동이 걸린 채로 점검)

자동변속기오일은 교환 주기가 반영구적으로 길기 때문에 자주 점검할 필요는 없습니다. 점검 방법은 다음과 같습니다.

자동변속기오일 교환 주기
매 100,000KM 마다 교환
(가혹 조건 : 40,000km 마다 교환)

변속기오일 점검 방법

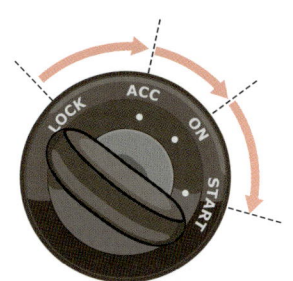

차를 평탄한 곳에 세우고 시동을 걸어서 온도계가 중앙에 위치할 때까지 워밍업 시킨다.

브레이크를 밟고 핸드브레이크를 올려서 채운뒤, 기어선택레버를 모든 위치에 (P,R,N,D,2,L)각각 2~3초씩 머물게하며 2~3회 전환 시킨후, N에 놓는다.

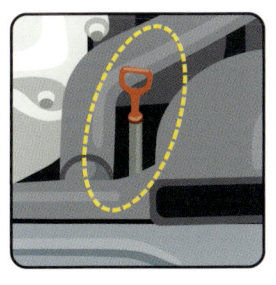

빨간색 손잡이의 변속기 오일게이지를 뽑아서 깨끗이 닦은 후, 다시 넣었다가 빼낸다.

엔진이 충분히 워밍업이 되있는 상태라면 게이지의 HOT눈금사이에 오일이 찍혀야 하고 엔진이 워밍업 되지 않은 상태라면 COLD눈금 사이에 찍혀야 정상이다.

냉각수 점검하기

냉각수는 엔진에서 발생한 열기를 라디에이터로 이동시켜 엔진을 식혀주는 역할을 합니다. 냉각수의 양이 적정한지는 냉각수 보조 탱크에 표시되어 있는 눈금을 보면 확인할 수 있습니다. 먼저 엔진 보닛을 열면 라디에이터와 호스로 연결된 반투명 냉각수 보조 탱크가 보일 겁니다.

냉각수 교환 주기
매 40,000km마다 교환

냉각수 보조 탱크 안의 냉각수 양이 MAX와 MIN 사이에 있어야 정상입니다. MIN보다 부족하면 냉각수 보조 탱크를 열어서 MAX선 가까이 보충해 주세요. 부족하다면 냉각수 보조 탱크 뚜껑을 열고 냉각수를 보충합니다.

파워오일 점검하기

파워스티어링은 핸들을 돌렸을 때 유압의 힘으로 바퀴를 움직여 주는 장치로써 흔히 파워 핸들이라고 부르기도 하죠. 파워스티어링오일이 부족하면 핸들이 무거워지거나 이상한 소음이 발생할 수 있습니다. 파워스티어링오일 역시 MAX와 MIN 눈금 사이에 있어야 정상입니다. 부족한 오일을 보충할 때는 MAX 선에 가깝게 채워주세요.

파워오일 교환 주기
매 40,000km마다 교환

브레이크오일 점검하기

계기판의 브레이크 경고등은 핸드브레이크를 올려서 채웠을 때뿐만 아니라 브레이크 오일양이 부족할 때도 점등되어 운전자에게 사전 경고해 주죠. 브레이크오일 양이 부족한지 점검하는 방법은 브레이크오일탱크에 오일이 MAX와 MIN 사이(정상)에 있는지 확인하는 것입니다. 브레이크오일이 MIN 근처나 아래에 있으면 브레이크오일이 부족한 것입니다. 하지만 대부분은 브레이크 패드나 라이닝이 닳아서 오일 양이 준 것처럼 보이는 경우가 많습니다. 바닥에 오일이 새지는 않는지 확인해 보고, 오일을 보충할 때는 MAX 선에 가깝지만 높지 않게 채워주세요. MAX보다 높게 돼 있으면 오일이 떨어져도 브레이크 경고등이 들어오지 않을 수 있습니다.

브레이크오일 교환 주기
매 40,000km마다 교환

워셔액 보충하기

워셔액 뚜껑에는 분수 모양의 그림이 그려져 있습니다. 워셔액 부족 시에는 뚜껑을 열고 시중에서 판매하는 워셔액을 워셔액 통 목 부분까지 보충하기만 하면 됩니다. 참고로 앞 유리를 닦아주는 와이퍼의 고무 날은 보통 1년에 한 번 정도 교환한다고 보면 됩니다. 고무 날이 낡는데도 교환하지 않으면 유리면이 잘 닦이지 않을 뿐 아니라, 사용 중 떨림 현상이 발생할 수도 있습니다.

배터리 관리하기

배터리는 시동이 꺼진 상태에서 전기 장치를 사용하거나 시동을 걸 때 전원을 공급하는 역할을 합니다. 시동이 걸린 후부터는 발전기에서 생산된 전기를 배터리를 통해서 전기 장치에 공급해 주게 됩니다. 예전에는 주기적으로 전해액을 보충하는 배터리를 썼지만 요즘 많이 나오는 무보수 MF 배터리는 증류수를 보수할 필요가 없고 배터리 상태를 검색창을 보고 간단히 점검할 수가 있습니다. 검색창의 색깔에 따라 녹색은 정상, 흑색은 충전 필요, 백색은 교환의 의미입니다(메이커에 따라서 다소 다를 수 있음). 주차할 때 미등, 전조등, 실내등과 같은 전원을 깜빡하고 켜두었다가 배터리가 방전되어 시동이 걸리지 않을 수도 있으니 주의하세요. 시동을 걸었을 때 시동이 아예 안 되거나, '틱틱~'거리며 시동모터가 돌지 않으면 방전된 것입니다. 방전됐다고 해서 무조건 새것으로 교환할 필요는 없습니다. 배터리의 수명은 보통 3~5년 정도라고 보며 그 이전까지는 방전돼도 다시 충전하여 사용할 수 있습니다. 따라서 배터리를 교환할 때는 더 이상 충전이 안 되고 수명이 다한 것인지, 발전기의 발전 불량으로 인해서 방전된 것은 아닌지 확인하여 과잉 정비를 막는 것이 좋습니다.

Lesson 3 비상시 응급조치

 펑크 난 타이어 교환하기

주말여행이나 중요한 약속 장소로 가는 길에 갑자기 타이어에 펑크가 났다고 한번 생각해 보세요. 만약 트렁크에 스페어타이어가 없다면 눈앞이 캄캄할 겁니다. 설사 스페어타이어가 있다고 해도 교체하는 방법을 모른다면 어떻게 하시겠습니까? 이리저리 공구를 감았다 풀었다 한참을 헤매게 되고, 그러는 사이 금쪽같은 시간은 계속 흘러가겠죠? 우여곡절 끝에 타이어를 끼웠다 해도, 조립이 잘못돼서 주행 중에 문제가 생기는 건 아닌지 마음 한구석이 불안할 겁니다. 타이어 교환 방법은 그렇게 어려운 기술도 아니고, 누구나 할 수 있는 운전자 필수 상식이므로 남녀노소를 불문하고 꼭 알아두기를 바랍니다.

❶ 차량을 안전한 지대로 이동시킨다.

타이어에 펑크가 나면 핸들이 한쪽으로 기울어지거나 바퀴에서 펄럭거리는 소리가 나게 됩니다. 특히 앞바퀴에서 펑크가 나면 그런 현상이 더욱 심해지죠. 운전 중 이런 이상이 느껴진다면 타이어 펑크를 의심하고 천천히 차를 안전한 평지에 세워주세요. 경사진 도로는 차가 미끄러질 수 있어서 위험하고, 커브 길은 뒤 차에 추돌 될 수 있어서 위험합니다. 비상등을 켜고 사이드브레이크를 당긴 다음 기어는 P(수동은 1단)에 넣고 시동을 꺼주세요. 펑크 난 쪽의 대각선 타이어에 움직이지 않도록 고임목을 받쳐두는 것이 좋습니다. 또한 뒤 차에 주의를 주기 위해 후방 100m 부근에 안전 삼각대도 설치해야 합니다.

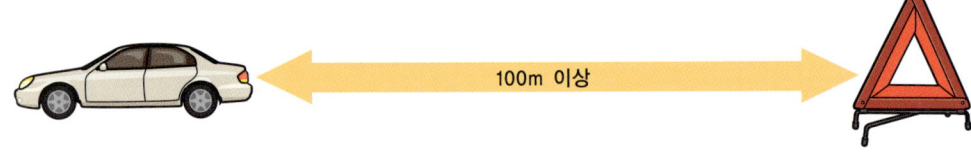

❷ 스페어타이어를 트렁크에서 꺼낸다.

다음엔 스페어타이어를 꺼내야겠죠? 트렁크 바닥에 있는 커버를 들어 올리면 스페어타이어가 보일 겁니다. 타이어와 함께 작업할 때 쓸 공구와 잭도 꺼내세요. 꺼내놓은 스페어타이어는 펑크 난 쪽 차체 바닥에 깔아놓습니다. 그 이유는 잭으로 차를 세우다가 혹시라도 차가 쓰러지면 스페어타이어로 차체를 받쳐주기 위해서입니다.

❸ 휠 캡이 있으면 벗겨낸다.

휠 캡이 있는 차량은 캡을 떼어내야 합니다. 처음 해보는 사람은 이 휠 캡 하나 벗기기도 어렵습니다. 방법은 간단합니다. 드라이버를 이용해서 홈에 넣고 잡아당기면 간단히 벗겨집니다. 휠 캡이 벗겨지면 숨어 있던 4개의 타이어 나사가 보일 겁니다.

❹ 나사를 먼저 푼다.

나사는 잭으로 차를 들어올리기 전에 먼저 풀어줘야 합니다. 차를 들어 올린 후에는 나사가 바퀴가 함께 돌아가서 풀어지지 않습니다. 나사를 풀 땐 휠 너트 렌치를 이용해서 대각선 방향으로 나사를 두세 바퀴 정도만 풀어주세요.

❺ 잭으로 차를 들어올린다.

잭의 'ㄷ' 자형의 홈을 차체 바닥의 잭 포인트(돌기)에 물리고 타이어가 바닥에서 완전히 뜰 때까지 잭을 돌려서 차체를 들어 올리세요. 잭에 잭 핸들을 꽂아서 돌리면 여성 운전자도 얼마든지 차를 들어 올릴 수 있답니다.

❻ 나사를 손으로 풀고 바퀴를 빼낸다.

조여진 나사를 미리 살짝 풀어놨기 때문에 쉽게 손으로 돌려서 풀 수 있습니다. 나사를 다 풀었다면 펑크 난 타이어를 빼냅니다.

STEP6 | LESSON2 | 02

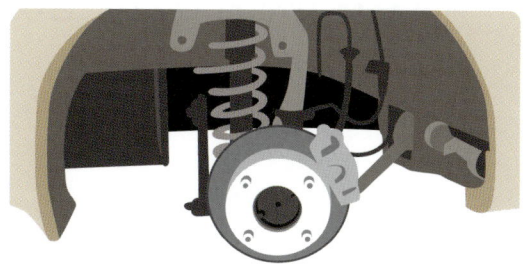

❼ 스페어타이어를 끼운다.

바닥에 깔아놨던 스페어타이어를 끼우고 타이어가 흔들리지 않을 만큼 손으로 나사를 조여줍니다. 우선, 손으로 조일 수 있을 만큼만 조이고 차체를 내린 다음에 휠 너트 렌치로 더 꽉 조여줍니다.

❽ 잭을 내려서 타이어가 땅에 닿으면 휠너트 렌치로 꽉 조여준다.

이때도 너트는 대각선 방향으로 조여줘야 합니다. 헐겁게 조이면 주행하다가 너트가 풀릴 수도 있으니 힘 있게 조여주세요!

❾ 휠 캡을 닫고 각 공구와 타이어를 트렁크 제자리에 넣고 안전 삼각대 챙기는 것도 잊지 않도록 한다.

이제 꺼내놨던 짐을 다시 제자리로 넣기만 하면 됩니다. 펑크 난 타이어는 수리하거나 새것으로 교체해서 다음에 쓸 수 있도록 준비하는 것도 잊지 마세요!

02 방전된 배터리 점프스타트 하기

깜빡하고 전조등을 켜놨다거나 다른 전기 장치를 켜둔 채로 차를 오랫동안 방치해두면 배터리가 방전되어 시동이 걸리지 않습니다. 일반적으로 시동을 걸 때는 '키딩~키딩' 하다가 '부르릉~' 하고 시동이 걸리죠? 그 소리가 바로 시동모터가 돌아가는 소리인데, 이 녀석은 상당히 많은 전기를 소모하기 때문에 방전이 되면 그 소리가 아예 나지 않거나 '틱~틱' 하면서 기운 없는 소리만 냅니다. 이럴 때는 다른 차의 배터리를 내 차에 연결해서 점프스타팅을 해야 합니다. 방전됐던 내 차가 배터리 점프로 시동이 걸리면 내 차의 발전기가 가동되고, 전기를 발생시켜서 방전된 배터리를 다시 충전시켜 준답니다. 배터리 점프스타트는 운전자라면 한 번쯤은 겪게 되는 일이기 때문에 비상시를 대비해서 방법을 알아두시기 바랍니다. 자동차 보험사의 무상 배터리 점프 서비스를 받으면서 점프방법을 눈여겨보는 것도 좋은 방법입니다. 점프스타트를 할 때 필요한 점프케이블은 운전자가 따로 구입해야 합니다. 만일을 대비해서 트렁크에 준비하고 다니는 것이 좋겠죠?
그렇지 않다면, 점프 케이블을 갖고 있는 다른 차의 도움을 받아야 합니다.

배터리 점프스타트 순서

① 전원을 공급하는 차와 방전된 차 모두 시동을 끈 상태에서, 방전된 차의 (+)단자를 빨간색 점프선 집게로 집는다.
먼저 빨간색 집게의 한쪽을 방전된 차의 (+)단자에 물립니다.

② 전원 공급해 줄 차의 배터리 (+)단자를 빨간색 점프선의 나머지 집게로 물린다.
빨간색 나머지 집게를 전원을 공급해 줄 차의 배터리 (+)단자에 물려주세요. 그럼 빨간색 집게는 두 차의 (+)단자에 물려 있는 상태입니다.

③ 전원 공급해 줄 차의 배터리 (-)단자에 검은색 집게를 물린다.
이번엔 검은색 집게 차례입니다. 먼저 전원을 공급해 줄 차의 배터리 (-)단자에 검은색 집게를 물려주세요.

④ 방전된 차의 (-)단자에 나머지 검은색 집게를 물린다.
검은색 나머지 집게를 방전된 차의 배터리 (-)단자에 연결합니다. 그런데 이렇게 하면 매우 드물게 컴퓨터 부품에 손상을 주는 일도 있으므로 (-)단자에 직접 연결하는 것보다는 가급적 차량의 접지 부위나 엔진 고리 등의 차체에 연결해 주는 것이 좋습니다.

⑤ 연결이 다 됐으면 공급하는 차의 시동을 켠 후 방전된 차의 시동을 켭니다.
시동이 걸리면 점프케이블을 장착의 역순으로 분리합니다. 방전됐던 차는 20분 정도 시동을 켜두어서 배터리를 충전해 줍니다.

03 ● 오버히트 대처하기

영화나 드라마에서 주인공이 김이 모락모락 나는 차의 보닛을 열고 난감해하는 장면, 한 번 쯤은 보셨나요? 바로 오버히팅 때문입니다. 여러분이 오버히팅을 겪게 된다면 어떻게 하시겠어요? 일단 보닛을 열어보긴 하겠지만 발을 동동 구르며 이글거리는 엔진을 감상하고 있을 수밖에 없을 겁니다. 오버히팅이란 엔진에서 발생한 열을 식혀주는 냉각수가 뜨거워져서 외부로 끓어 넘치는 현상을 말합니다. 운전 중 온도계가 적정 온도를 넘어서 'H' 쪽으로 가까워지거나, 엔진룸에서 흰 연기가 피어오른다면 오버히팅을 의심해야 합니다. 오버히팅의 원인은 냉각수의 부족, 냉각수를 식혀주는 냉각팬 고장, 서모스탯 고장, 냉각수온센서 고장 등 원인은 여러 가지가 있을 수 있으며 제대로 대처하지 못하면 값비싼 엔진이 눌어붙어서 고장 날 수도 있습니다. 오버히팅은 빨리 발견하고 제대로 대처하는 것이 피해를 줄이는 방법입니다.

팬벨트가 끊어졌거나 냉각팬이 고장 났을 때
시동을 꺼주세요!
팬벨트가 끊어지면 냉각 계통이 작동하지 않을 뿐만 아니라 발전기도 작동하지 않게 됩니다. 발전기가 작동하지 않으면 계기판에 충전경고등이 들어오기 때문에 이를 보고 오버히팅을 눈치챌 수도 있습니다. 만약 팬벨트가 끊어진 경우라면 시동을 끄고 자연 상태에서 서서히 엔진을 식혀주세요! 시동이 켜진 상태에서 냉각팬이 작동하지 않는다면(팬이 돌아가는 소리로 알 수 있음) 오버히트의 원인이 냉각팬이나 수온센서의 고장에 있다고 볼 수 있습니다. 이때는 견인을 받거나, 에어컨을 켜서 에어컨 팬으로 차를 식혀주면서 가까운 정비소까지 가면 됩니다.

이럴 때는 오버히트가 재발생할 우려가 있으므로 견인을 받아야 합니다.
- 팬벨트가 끊어졌을 경우
- 엔진이 과열되어도 냉각팬이 작동하지 않을 경우
- 냉각수가 새서 냉각수를 보충해도 양이 조금씩 줄어들 경우

냉각팬이 돌아가고 팬벨트가 끊어지지 않았을 때

시동을 끄지 마세요!
팬벨트가 정상이고 냉각수가 정상적으로 순환하고 있다면 시동을 켜둔 채로 엔진을 식혀주세요! 시동을 꺼줘야 엔진이 빨리 식을 거로 생각하기 쉬운데, 시동을 꺼버리면 냉각팬이 작동을 하지 않고 냉각수가 순환하지 않기 때문에 오히려 엔진은 더 뜨거워집니다. 엔진룸 범퍼 쪽에는 2개의 프로펠러가 있는데 하나는 냉각팬으로 시동을 켰을 때 엔진을 식혀주는 역할을 하고, 나머지 하나는 에어컨을 켰을 때만 도는 에어컨 팬입니다. 따라서 차가 오버히팅할 경우 팬벨트가 끊어지지 않았다면 시동을 끄는 것보다는 시동을 켜고, 거기다가 에어컨을 켜서 에어컨 팬도 돌아가게 하는 것이 엔진을 더 빨리 식혀주는 방법입니다.

보닛을 열 때는 화상에 주의!
엔진을 좀 더 빨리 식혀주기 위해서 보닛을 열어줍니다. 이때 뜨거운 수증기가 뿜어져 나온다면 손에 화상을 입을 수도 있으니 서두르지 말고 기다리다가 화상의 염려가 없을 때 보닛을 여세요. 열이 다 식어서 냉각수 온도계가 내려갔다면 시동을 꺼도 됩니다.

엔진을 충분히 식히고 냉각수 양을 확인

앞서 말했듯이 냉각수 보조 탱크는 라디에이터와 호스로 연결돼 있기 때문에 쉽게 찾을 수 있습니다. 보조 탱크의 냉각수 양이 'MAX'와 'MIN' 사이에 있으면 정상입니다. 냉각수 양이 정상이고 바닥에 물이 떨어지지 않는다면 냉각수가 새는 것은 아닙니다. 만약 냉각수가 새고 있다면 견인해서 가까운 정비소로 가야 합니다(교통사고로 인해 라디에이터가 깨져서 냉각수가 샐 때도 오버히팅이 발생될 수 있기 때문에 견인을 받아야 함).

냉각수가 부족하면 보충한다.

냉각수 보조 탱크에 냉각수가 부족하면 보조 탱크 뚜껑을 열고 냉각수를 MAX와 MIN 사이에 오도록 보충합니다. 만약 보조 탱크에 냉각수가 아예 없다면 라디에이터 캡을 열고 냉각수를 보충해 줘야 합니다. 냉각수를 구할 수 없다면 임시로 수돗물을 사용하면 됩니다. 지하수나 생수는 철분 때문에 냉각수 통로가 녹슬 수도 있으니 사용해서는 안 됩니다.

1	2	3	4

라디에이터 캡을 천으로 감싸고 시계반대방향으로 더 이상 돌아가지 않을 때까지 돌린다.	라디에이터 캡을 누르고 다시 시계반대방향으로 돌린다.	라디에이터캡을 연 후에 물이 흘러 넘칠때까지 조금씩 넣고 라디에이터 캡을 닫는다.	냉각수보조탱크에 MAX선까지 물을 보충해 준다.

엔진오일도 확인해 본다.

엔진오일이 부족하면 과열되고, 심할 경우 오버히팅하면서 엔진이 고장 날 수도 있습니다. 엔진오일양을 검사할 때는 시동을 끄고 5분 정도 지난 뒤 엔진오일 게이지를 뽑아서 확인해 보세요.

엔진이 과열되지 않는다면 정비소까지 차량을 운행한다.

냉각수를 보충해서 엔진이 정상적으로 작동한다면 될 수 있는 대로 빠른 시일 내에 정비소에서 점검받도록 합니다.

이제 당신은 수퍼 병아리!
양보와 배려의 운전 문화를 선도해 주세요~

초보운전 운전연수에는 날아라 병아리

4판 2쇄 | 2025.07.01
1판 | 2005.04.01
2판 | 2010.07.30
3판 | 2013.03.01
4판 | 2023.08.10

글 | 오준우
그림 | 이소을
마케팅 | 최재원
발행처 | 상상박스
주소 | 경기도 고양시 일산서구 호수로 838번길 55-10
URL | www.ssbbook.com
전화 | 031-911-5055
팩스 | 0505-464-0205
등록 | 제410-25100-2009-000025호
ISBN | 978-89-98325-44-2 13550
인쇄 | 도담프린트

Copyright 2005 by SangsangBox
이 책의 내용과 그림을 저작권자와 상상박스의 사전 승인 없이 복사, 전재하는 것을 금합니다.

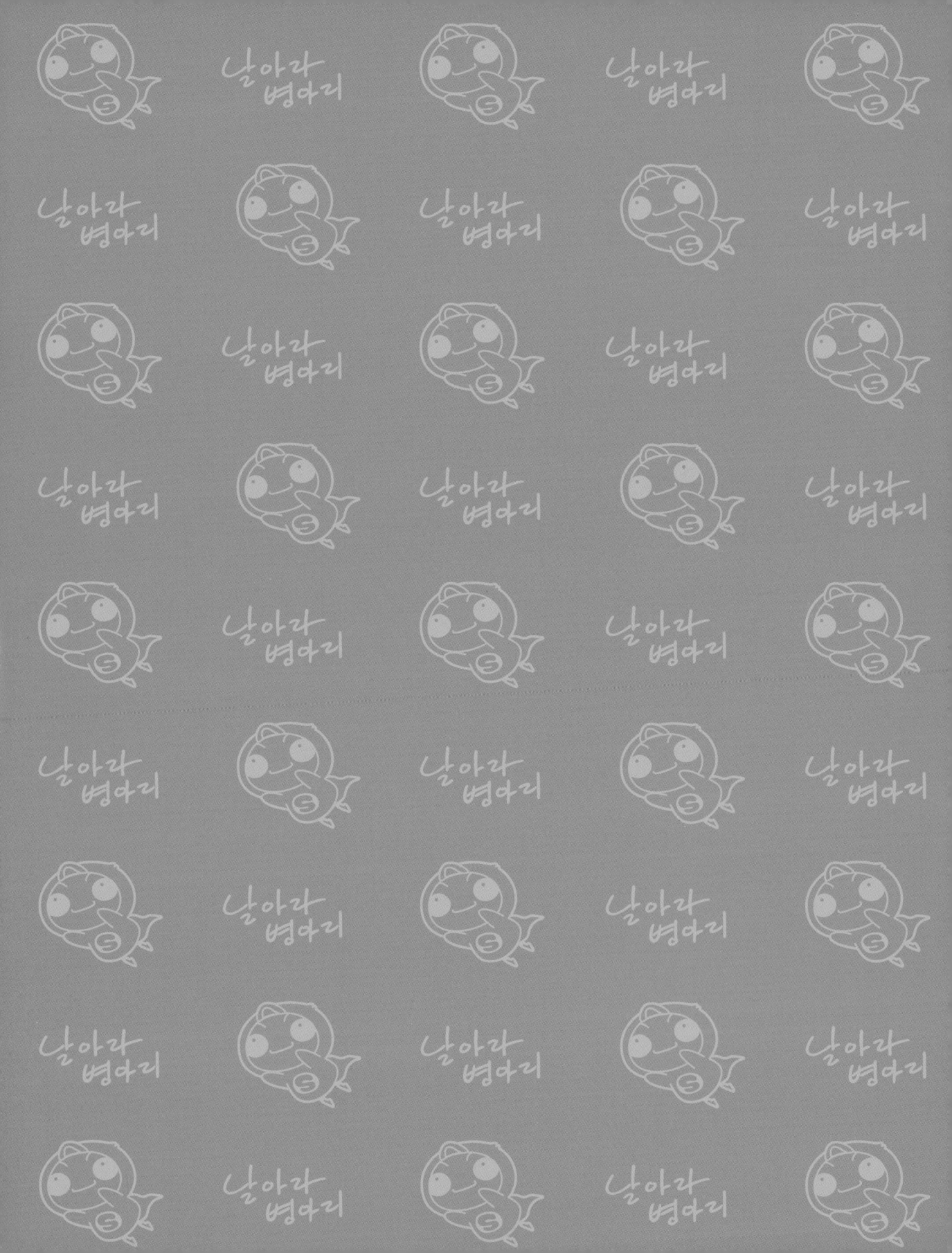